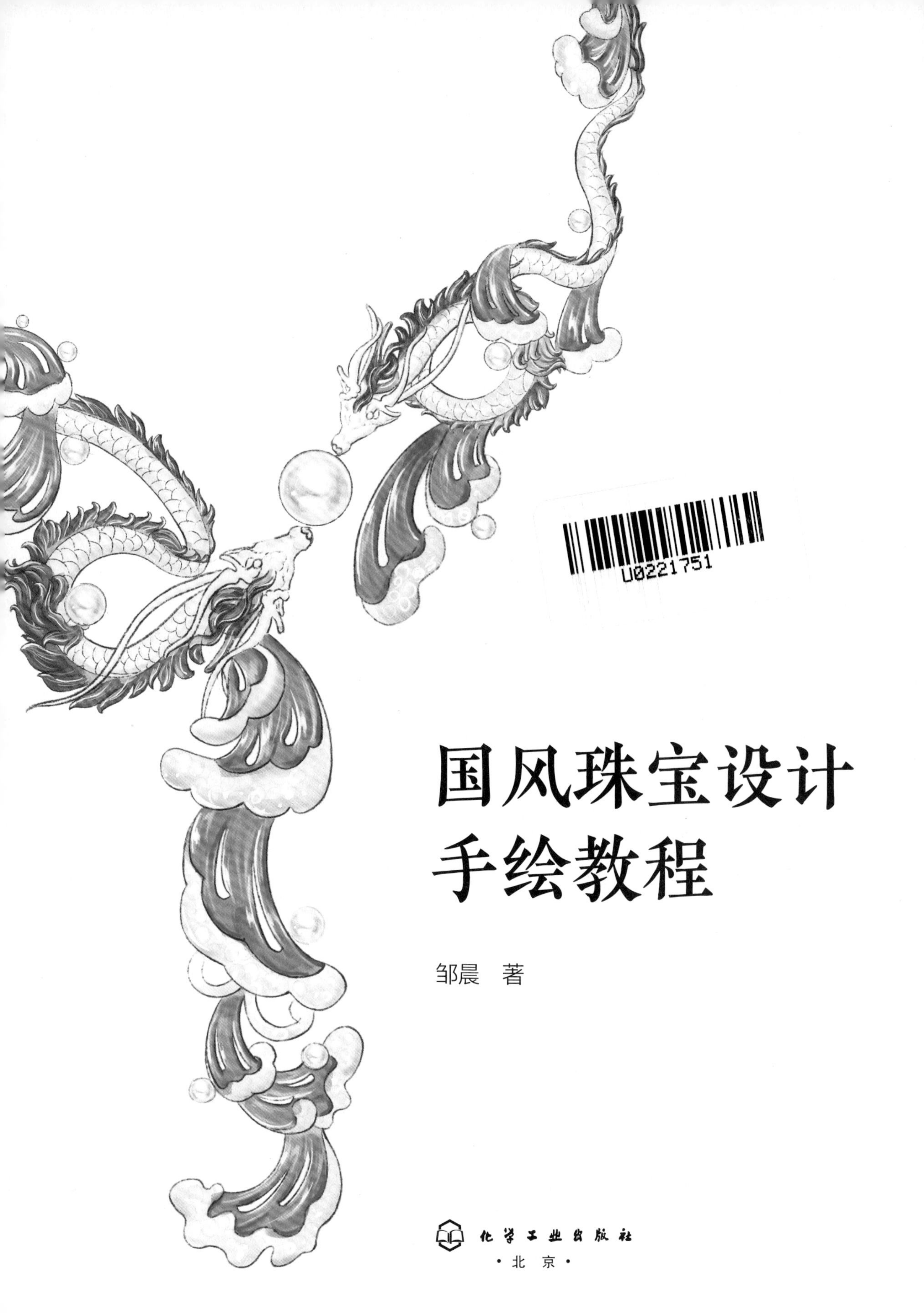

国风珠宝设计手绘教程

邹晨 著

化学工业出版社
·北京·

内容简介

本书是一本适合珠宝设计师和珠宝专业师生的设计与手绘教程。书中的基础知识部分，详细讲解了珠宝设计手绘常用工具，透视画法，三视图画法，不同切割工艺的刻面宝石的线稿绘制技法，珠宝设计常用材质如素面宝石、刻面宝石、国风珠宝常用宝石的彩色效果图绘制技法，各种珠宝用贵金属以及国风珠宝特殊金属工艺的绘制技法，常见宝石镶嵌工艺以及国风珠宝特殊镶嵌工艺的绘制技法等，结合案例展示，简单易懂。书中的临摹实例部分，详细介绍了各种成品珠宝首饰的绘制技法，案例涵盖戒指、耳环、吊坠、手镯、项链、发簪、珠串、斋戒牌等，清晰的透视原理图 + 实用的案例 + 详细的步骤，可帮助读者掌握珠宝手绘表现技巧。书中的设计构思部分，系统讲解了国风珠宝设计的创作流程以及国风珠宝创作构思方法，结合丰富的、成系列的国风珠宝设计原创案例和详细的绘制步骤，帮助读者深刻理解国风珠宝原创设计的思路，并进一步强化手绘表现的技能。

图书在版编目（CIP）数据

国风珠宝设计手绘教程 / 邹晨著. — 北京：化学工业出版社，2024.1

ISBN 978-7-122-44387-8

I. ①国… II. ①邹… Ⅲ. ①宝石-设计-绘画技法-教材 IV. ①TS934.3

中国国家版本馆CIP数据核字(2023)第210900号

责任编辑：孙晓梅　　装帧设计：景　宸

责任校对：宋　玮

出版发行：化学工业出版社

（北京市东城区青年湖南街 13 号　邮政编码 100011）

印　　装：北京宝隆世纪印刷有限公司

787mm×1092mm　1/16　印张 8½　字数 194 千字　2024 年 4 月北京第 1 版第 1 次印刷

购书咨询：010-64518888　　售后服务：010-64518899

网　　址：http://www.cip.com.cn

凡购买本书，如有缺损质量问题，本社销售中心负责调换。

定　价：78.00 元

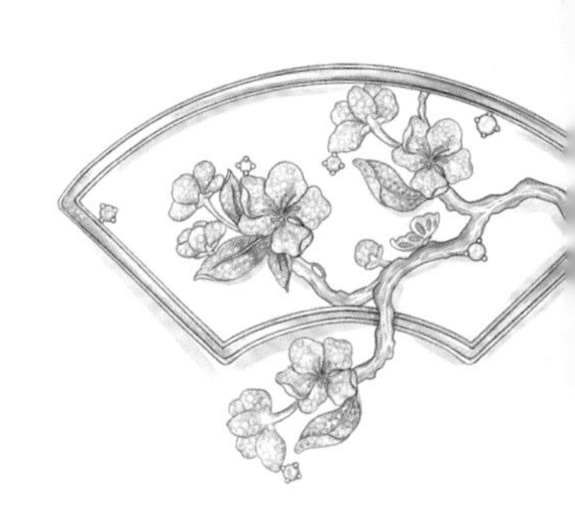

珠宝设计不是金属和宝石的简单堆叠，而是一种美学追求，一种文化、情感的表达方式。这是我在英国和意大利学习的时候领悟到的。

十几年前，我在欧洲学习期间，发现他们的珠宝设计对自己的文化有着强烈的自信以及表达欲。而反观那时候我们的珠宝设计，对于我们国家文化的挖掘和表达还并不普遍，国风珠宝设计尚未得到大众普遍的认可，也尚未在普通消费者中流行起来。也是在那个时候，我坚定了做我们自己的中国风珠宝设计的决心。之后的十几年里，我从中国的名画、古诗词、四大名著、敦煌壁画、二十四节气、传统文化寓意等方面，源源不断地汲取灵感，设计出了多个系列的原创珠宝作品，受到了很多人的喜爱，也积累了丰富的原创设计经验。

中国有着悠久的历史，积累了丰富的文化资源。近几年，各个领域的国潮设计兴起，反映了中国年轻一代对本土文化的自信和认同。珠宝设计相关领域的从业人员，也越来越重视国风设计。但目前市面上还没有专门针对国风珠宝设计的专业教程，且现有的大部分珠宝设计图书都是教绘画技法，不涉及设计思维，有少部分学术书籍教设计思维理论，又不涉及绘画技法，很少有思维理论结合绘画技法的教程书。跟着一本书自学，读者相对难达到既擅长创作思维又擅长绘画技法的水平。这也是我想写这本书的初衷，我希望每一位爱好者和设计师，通过学习本书，能够达到“会创作思维，也会绘画”的设计水平，特别是在国风设计领域。

在本书中，我遵从意大利佛罗伦萨珠宝学院的传统手绘课程以及英国伯明翰珠宝学院的设计思维课程系统来安排结构和内容，同时结合了我 11 年珠宝设计的经验和原创案例。本书从国风珠宝设计的设计思路开始，详细解说国风设计思维、创作流程。之后就手绘的基础知识，如透视，三视图画法，不同切割工艺的刻面宝石的线稿绘制技法，珠宝设计常用材质如素面宝石、刻面宝石、国风珠宝常用宝石的彩色效果图绘制技法，各种珠宝用贵金属以及国风珠宝特殊金属工艺的绘制技法，常见宝石镶嵌工艺以及国风珠宝特殊镶嵌工艺的绘制技法等，进行了详细的讲解示范。最后用丰富的珠宝成品案例，进行了珠宝设计理论讲解和绘画技法讲解。建议读者可以先从设计思维开始学习，之后着手线稿手绘，再学习上色，最后独立进行珠宝成品创作设计。

编写这本书是一个漫长而复杂的过程，书内部分系列作品创作周期超过 3 年，查阅了国内外 200 多份文献，这些作品的设计思路和手绘技法在文中都毫无保留地分享了出来。

在这里，感谢一直支持和鼓励我的朋友、家人们。如果阅读本书的设计师和爱好者们能在创作设计思维、珠宝手绘技法等方面有所收获，我将不胜荣幸。

邹晨

10 国风珠宝创作实例与手绘技法

国风珠宝设计与手绘创作流程

1.1 国风珠宝设计概述

中国风的珠宝设计，承载着丰富而深厚的东方美学韵味和传统文化内涵，它是一种沉淀了数千年历史的独特艺术表达方式。

国风珠宝设计中的东方美学风格，是一种注重自然、和谐与平衡的审美理念。设计师会从**自然的元素**，如花、鸟、云、海等中汲取灵感，营造出一种与大自然和谐共生的美感。同时，设计中还会融入阴阳、虚实等传统哲学思想，以此展现物我一体的和谐之美。

传统文化寓意在国风珠宝设计中也占有重要的地位。如龙凤呈祥、玉兔呈祥、柿柿如意、喜上眉（梅）梢、福（蝙蝠）寿（寿桃）绵长等，这些将神话或现实中的事物赋予某种寓意的行为，体现了中国人对于美好生活的向往和追求。这些文化寓意深深植根在中国人的心中，成为了珠宝设计的重要灵感来源。

国风珠宝设计中的**意境创造**，更是一种艺术上的高级追求。设计师通过精巧的线条勾勒、细致的雕刻工艺和巧妙的色彩搭配，构建出一种超越物质、充满诗意的艺术境界。这种艺术境界的创造，使得每一件珠宝都像是一首诗、一幅画，富有深深的艺术感染力。中国的诗词充满意境美，从中可以源源不断地汲取创作灵感。

中国传统风格的珠宝设计手绘，既是一种技艺，也是一种文化的传承。它既要求我们拥有扎实的绘画技巧，又需要我们对传统文化和美学有深入的理解和感悟。在接下来的教学中，我们将一同探索这个美丽的艺术世界，开启你的国风珠宝设计之旅。

清 点翠花卉鸟蝶纹头花

清 金点翠嵌珠宝翠玉福寿万年钿花

清 白玉嵌宝石扁方

1.2 国风珠宝设计手绘创作流程

中国风的珠宝设计手绘，是一种融汇了东方美学、传统文化和意境的独特艺术表现形式。创作过程中，设计师往往会经历灵感启发、提取演变以及实行绘制三个重要阶段。

灵感启发阶段

这个阶段主要是从自然、文化和生活中寻找灵感。中国的传统纹样、自然景观、诗词、绘画、音乐、民间故事、神话故事等，都是国风珠宝设计的重要灵感来源。设计师会深入观察、思考，然后从中提炼出能够表达设计主题的元素和情感。

下面选取北宋名画《千里江山图》作为灵感来源设计一件充满国风意蕴的“千里江山发簪”。

《千里江山图》是我国北宋时期画家王希孟的代表作品，也是中国传统青绿山水画的瑰宝。该作品以石青和石绿为主色调，间以赭石色为衬，画面层次分明，光彩照人。画中的大山大岭屹立在江湖沼泽之畔，雄伟壮阔、气势恢宏，将江山的壮丽景色展现得淋漓尽致。

我在欣赏这幅画时，印象最深的是它的色彩和山水线条，初步提取这两大元素作为珠宝设计的重点。

北宋 王希孟 《千里江山图》（局部）

提取演变阶段

灵感启发阶段过后，就进入了提取演变阶段。在这个阶段，设计师会把在灵感启发阶段获得的灵感进行提炼、深化和转化，提取出可用的元素，然后借助草图、模型等手段，对设计思路进行初步的实体化和可视化。同时，设计师也会在这个阶段进一步梳理设计思路，确保设计的方向和主题始终保持一致。

灵感启发阶段初步提取了《千里江山图》中的线条、色彩两大元素，这一步按以下步骤对这两大元素进行细化。

(1) 观察：仔细观察这幅画，特别注意山峰和山间水系的线条以及其施色时手法的变化。

(2) 提取：提炼线条元素，提取出最有特点和韵律感的山峰线和山峰间的水流线；提炼色彩元素，提取出作为画作主色的蓝色、绿色和熟褐色。借助草图将提取出的线条和色彩绘制出来，并逐步将这些线条简化，只保留最基本的形状和曲线。

(3) 完善：将草图中最满意的线条圈出来，之后对线条进行一些调整，使它们更符合创作需要。例如，改变线条的粗细、调整整条线的曲度等。之后尝试用前面提取的蓝、绿、熟褐三种颜色进行上色，变化各种颜色的渐变和组合方式。

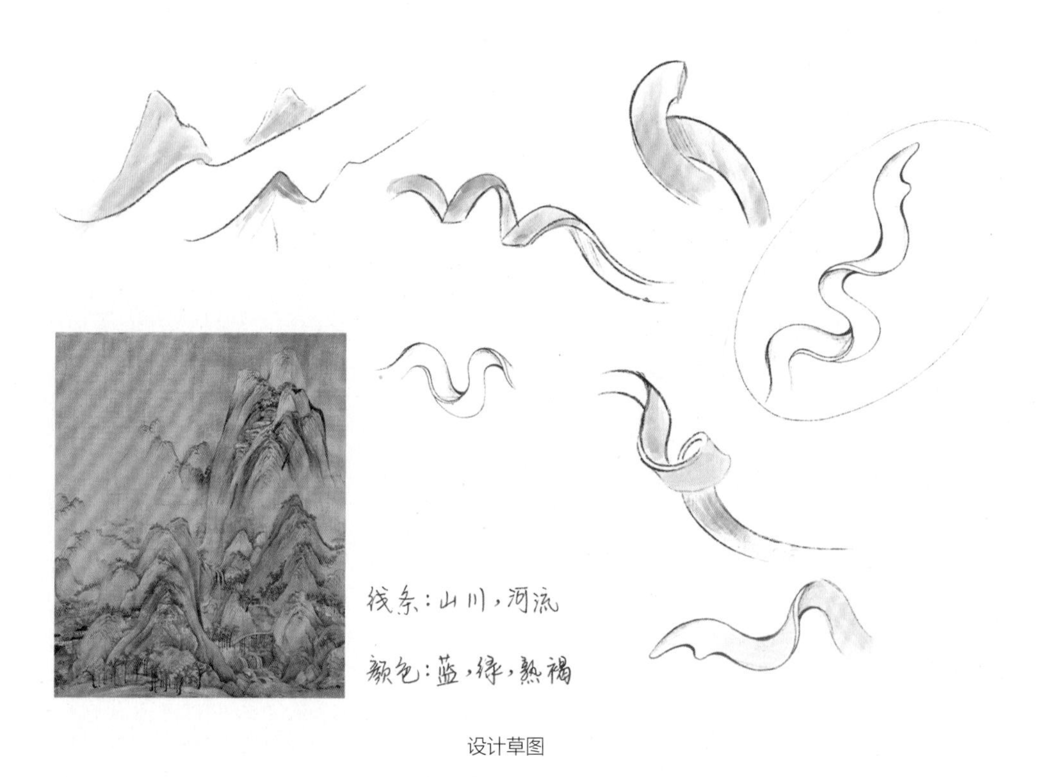

设计草图

注意：提取元素并进行创作时，一定要尊重原创的艺术价值，不能照搬原来的内容，而要坚持自己的创作方式，创作出新的艺术形式。

实行绘制阶段

实行绘制阶段是实现设计想法的关键阶段，也是最考验设计师绘画技巧的阶段。在这个阶段，设计师会采用专业的手绘工具，通过线条、形状、色彩和纹理等对设计进行精细的表现，从而描绘出珠宝的形态和风格。同时，还需要确定珠宝的结构、尺寸、比例和材质，确保设计的实用性和可行性。

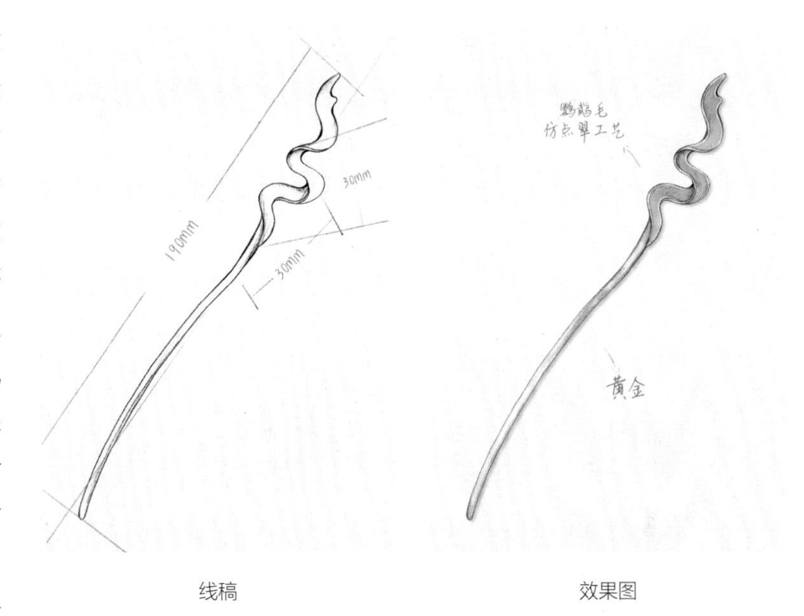

线稿　　效果图

通过在草图上的不断试验，选中右上角的线条作为设计主体，以此为基础画出发簪线稿。线条提取山水的轮廓形态，适当加入自己的想象，创作出新的形式。

从草图上可以看出，在主体部分用熟褐色，整体会显得不够清新，因而主体部分弃用熟褐色，只用蓝、绿色，蓝多绿少，自然过渡，簪根选用黄金材质，与主体部分弃用的熟褐色属于同色系，整体用色与《千里江山图》高度契合。为体现画作中的石青矿物如宝石般光彩照人的蓝色，主体部分采用鹦鹉毛仿点翠工艺来表现蓝色和绿色。根据材质和工艺画出效果图。

通过上述三个阶段，中国传统风格的珠宝设计手绘便能够由无到有，由粗糙到精细，最终呈现出令人赞叹的艺术作品。每一件完成的作品，都是设计师对中国传统文化和美学理念的理解和诠释，都是设计师们对美的追求和创新的体现。

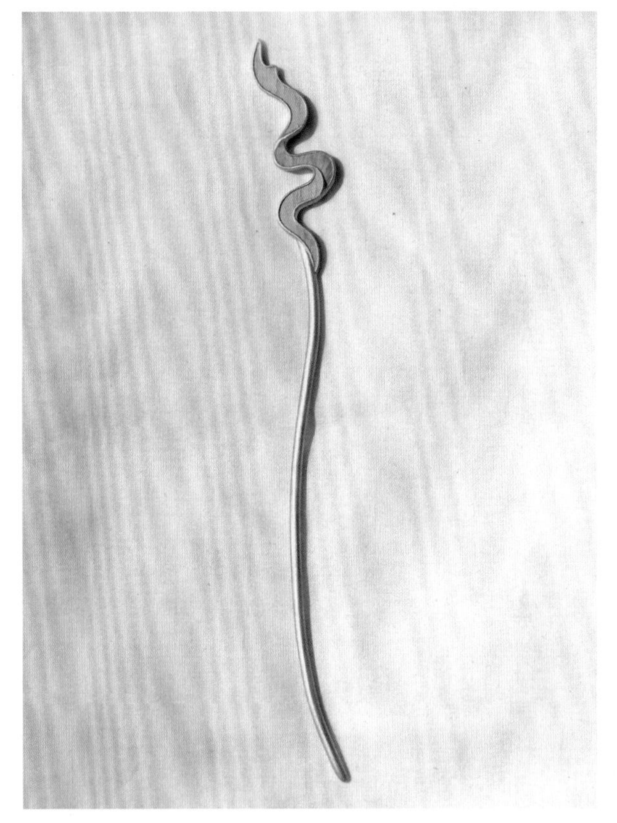

千里江山发簪实物图

2

珠宝设计手绘工具

2.1 铅笔

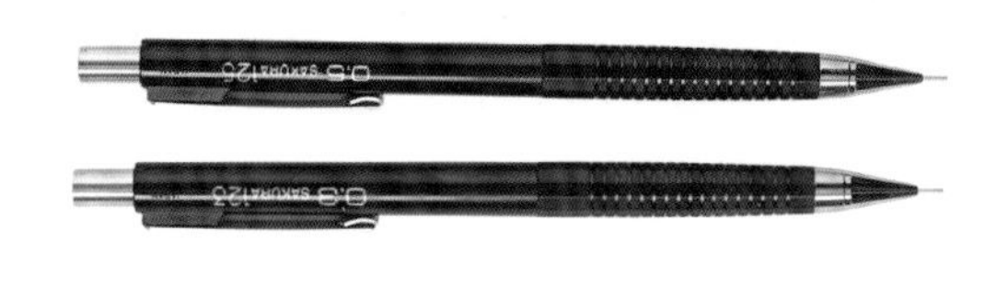

铅笔是手绘的基本工具。在珠宝手绘中，自动铅笔更为常用，因为它们画出的线条更干净、细致。珠宝设计稿通常是1 ：1绘制的，画幅较小，需要精细的表达，因而最常用的是0.3mm粗度和HB硬度的自动铅笔。如果习惯放大绘制设计稿，然后在电脑上调成1 ：1的比例，也可以选用0.5mm的自动铅笔。

2.2 针管笔

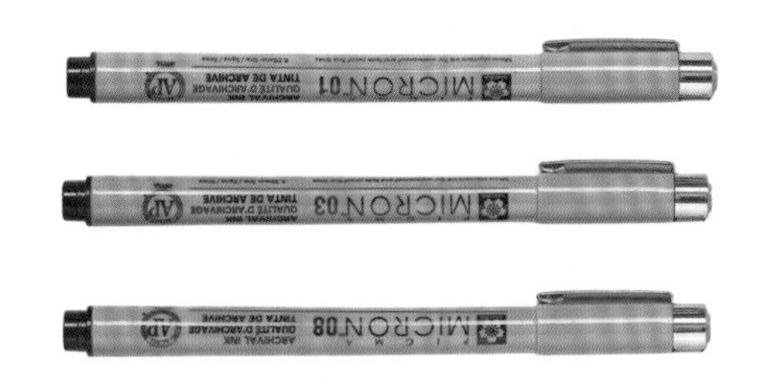

樱花01（0.25mm）、03(0.35mm）、08（0.5mm）针管笔

在珠宝设计中，针管笔常用于勾勒线稿和描边。针管笔的笔尖粗度从0.03mm到3mm不等。我最常使用的为0.25mm、0.35mm、0.5mm的针管笔。

2.3 高光笔

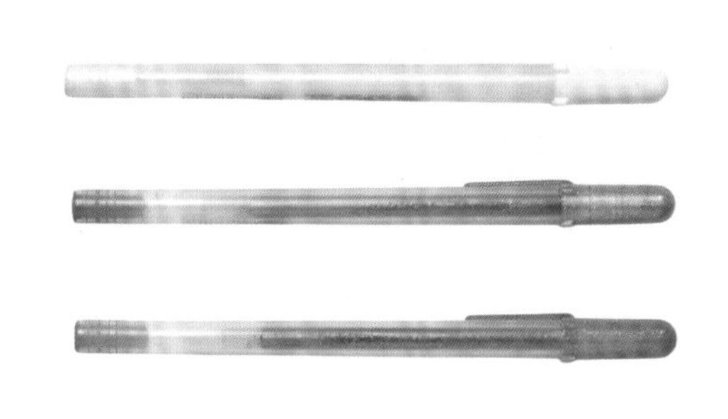

高光笔常用于在珠宝设计稿中点出高光，增强珠宝的立体感和光泽感。使用高光笔时，需要注意选择合适的位置和角度，使光线和影子形成对比，增强立体感。

2.4 卡纸

卡纸是绘制珠宝效果图时最常用的纸。可根据设计需要和个人喜好选择合适的卡纸质感和颜色。

在珠宝设计手绘时，建议选用厚一些的卡纸，常用200 ~ 300gsm的卡纸。

2.5 硫酸纸

硫酸纸是一种半透明的纸，在珠宝设计手绘中主要用于拷贝设计图、修改设计图或是绘制对称图形。

2.6 橡皮

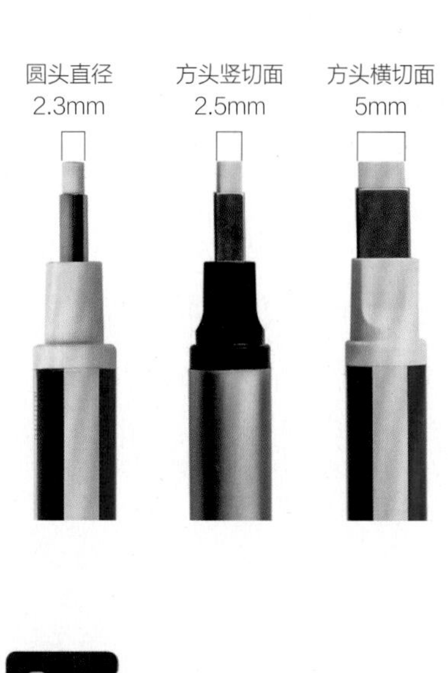

珠宝设计图画幅较小，线条细密，因而常选用体积较小的自动橡皮笔。我用得比较多的型号是 2.5mm 的方头款。

2.7 直尺和三角尺

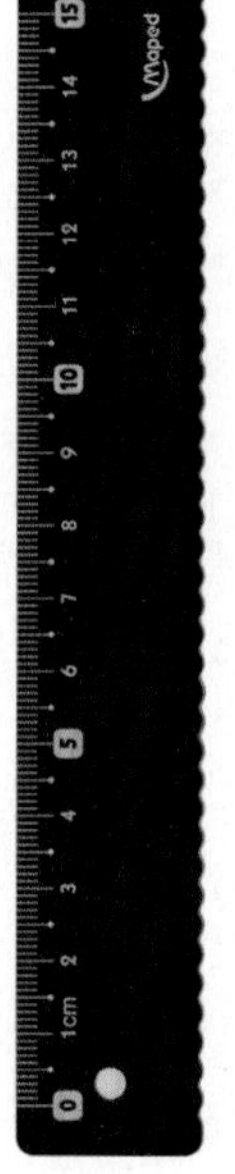
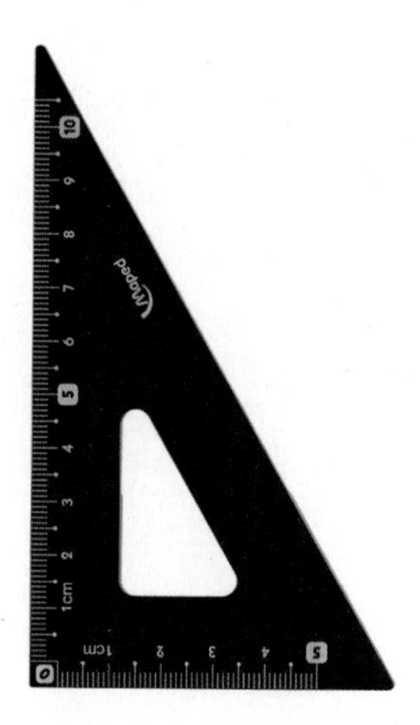

在珠宝设计手绘中，直尺和三角尺都是常用的工具。直尺主要用于绘制直线和测量长度，帮助保持图形的比例和对称性。三角尺除了可以用于绘制直线、确认角度，还可用于创建复杂的几何图形。

在绘制珠宝的三视图时，直尺和三角尺可以用来绘制辅助线，确保所有视图的位置和比例准确。

2.8 模板尺

在珠宝设计中，模板尺可以帮助设计师快速准确地绘制出各种珠宝的形状，提高工作效率和精确度。模板尺还可以帮助设计师快速试验不同的设计元素，找到最理想的设计。

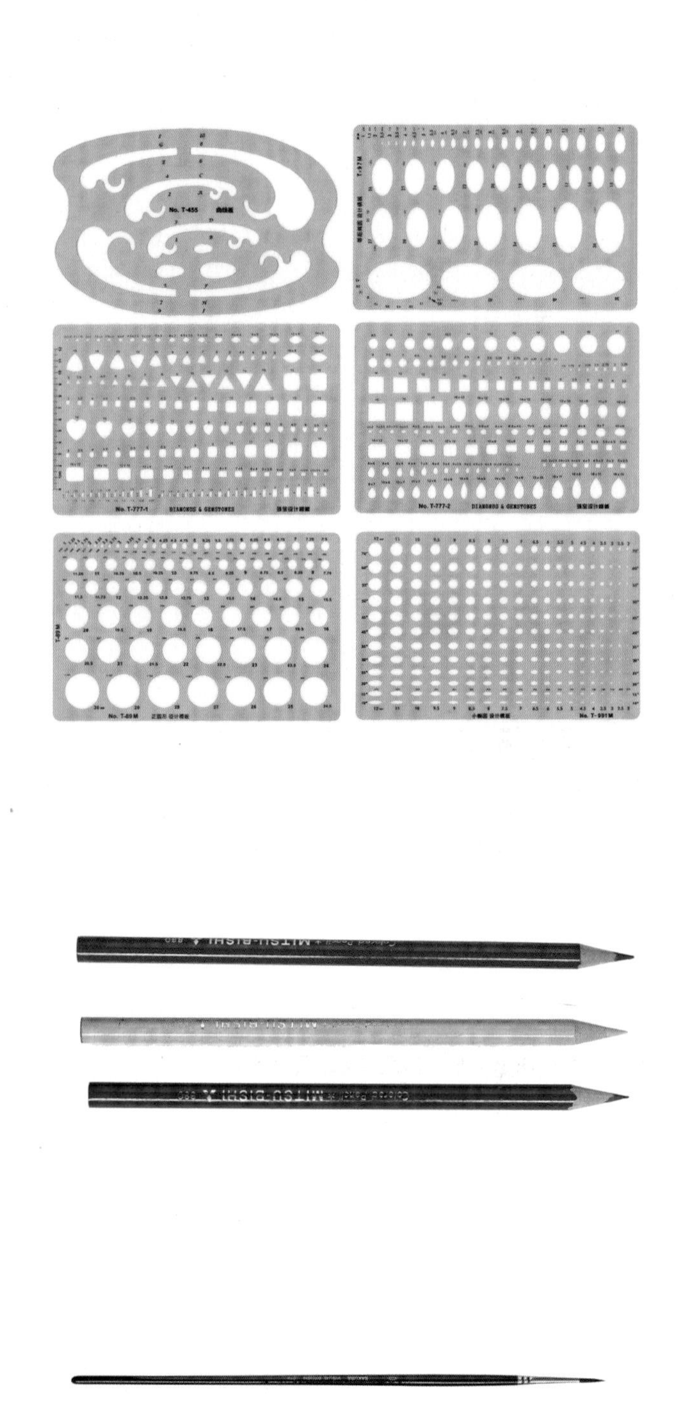

2.9 彩色铅笔

彩色铅笔是珠宝设计图上色的常用工具，能为珠宝设计增添丰富的色彩、表现珠宝的材质和肌理。比如描绘点翠工艺，表现拉丝等肌理时，非常适合使用彩色铅笔。使用时，注意保持笔尖尖锐，以便更准确地控制颜色的表现和混合。由于彩色铅笔的颜色可以通过多次涂抹来加深，最好从较浅的颜色和较轻的压力开始，然后逐渐增加颜色的深度和饱和度。

2.10 水彩笔

水彩笔按笔头形状可分为圆头笔、尖头笔和平头笔，在珠宝设计手绘中，需要表现精细的线条，常用尖头笔。尖头笔也有很多型号，可根据需要绘制的部位的精细程度和颜色填充的面积大小来选择。

2.11 颜料

我的常用颜料及其色卡

珠宝设计手绘上色时除了可以用彩铅外，还可以用水彩颜料或水粉颜料。水彩颜料的色彩较为鲜艳、透明，适合表现珠宝的色彩、材质和光泽。我在进行国风珠宝手绘时常用水彩颜料进行上色，常用的水彩颜料为樱花固体水彩颜料 18 色。

樱花固体水彩颜料 18 色

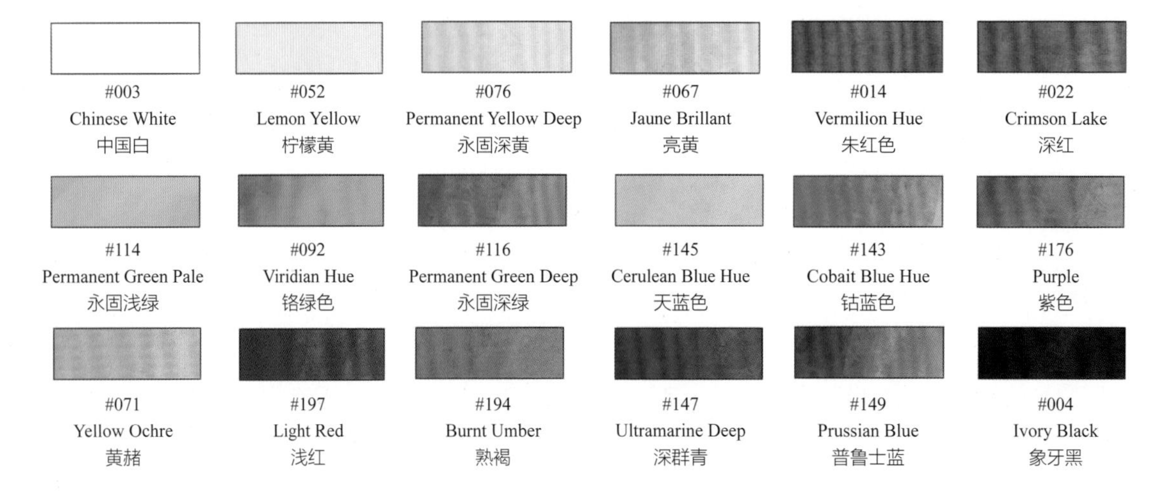

樱花固体水彩颜料 18 色色卡

宝石色彩的调和方法

国风珠宝设计中常用到的颜色有绿色、蓝色和红色，下面以帝王绿色、绿松石色、红宝石色为例展示色彩的调和方法。

（1）帝王绿色的调色方法

帝王绿色以永固浅绿为基础色，用永固浅绿加黑色（象牙黑）调和，得到深绿色；用永固浅绿加普鲁士蓝加中国白调和，得到中绿色。将调和好的两个绿色混合，加水调和，即可得到帝王绿色。

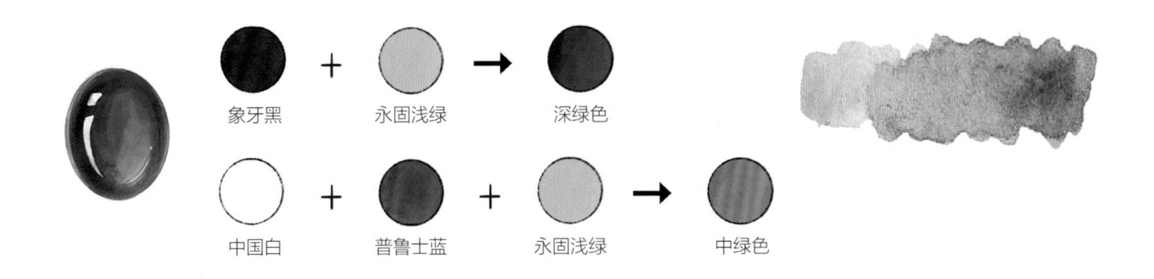

（2）绿松石色的调色方法

绿松石色以钴蓝色为基础色，用钴蓝色和天蓝色调和，得到浅蓝色；用钴蓝色加黑色（象牙黑）调和，得到深蓝色。将调和好的两个蓝色混合，加水调和，即可得到绿松石色。

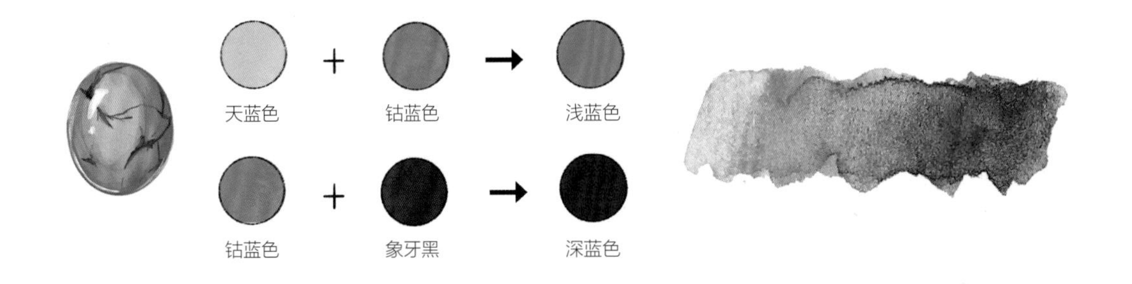

（3）鸽血红宝石色的调色方法

鸽血红宝石色以朱红色为基础色，用朱红色加中国白调和，得到浅红色；用朱红色加普鲁士蓝调和，得到深红色。将调和好的两个红色混合，加水调和，即可得到鸽血红宝石的颜色。

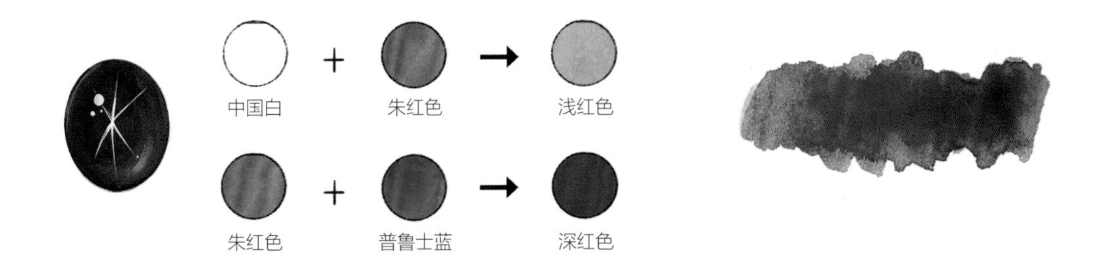

透视

透视是指将三维空间的物体通过二维画面表现出来的技术，是绘画中表现空间感的重要手段。在珠宝设计手绘中，正确的透视关系能帮助我们更准确地描绘出珠宝的形状和立体感。珠宝设计手绘中常用的透视有一点透视、两点透视、三点透视。

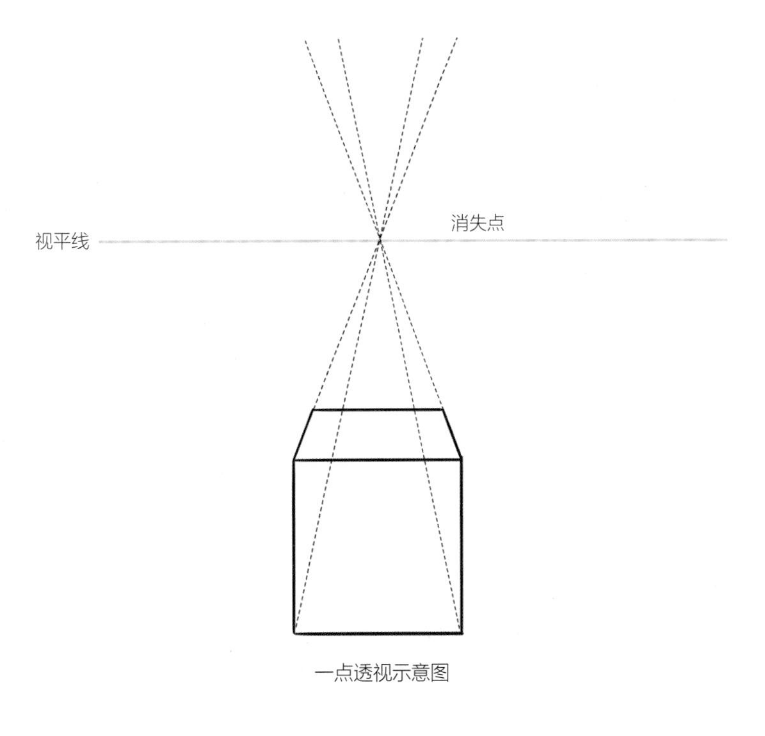

一点透视示意图

3.1 一点透视

一点透视也叫平行透视，是最基本的透视方法。在一点透视中，所有的透视线会聚到一个单一的消失点，消失点所在的线即视平线。画面中所有的横向线条与视平线平行，所有竖向线条与视平线垂直。

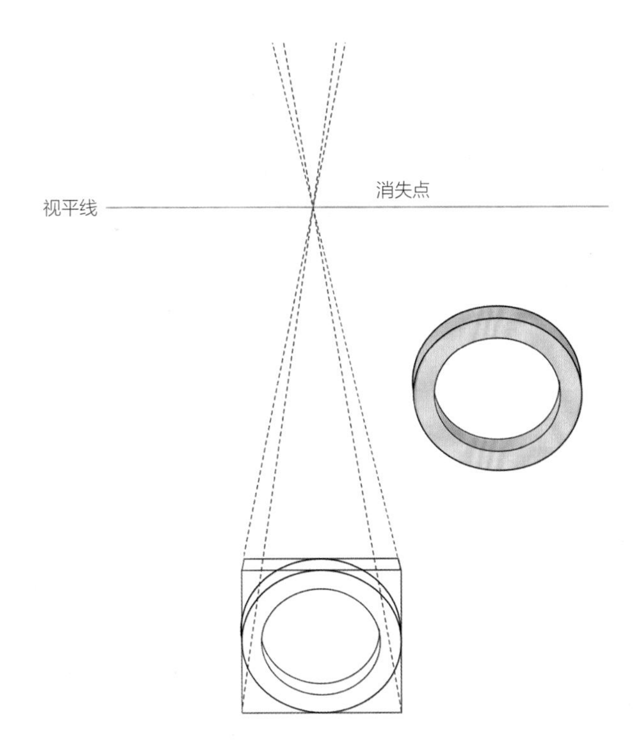

一点透视在珠宝设计手绘中的应用

3.2 两点透视

两点透视也叫成角透视，有两个消失点，消失点均位于视平线上。画面中所有的竖向线条与视平线垂直，其余线条交会到两侧的消失点。

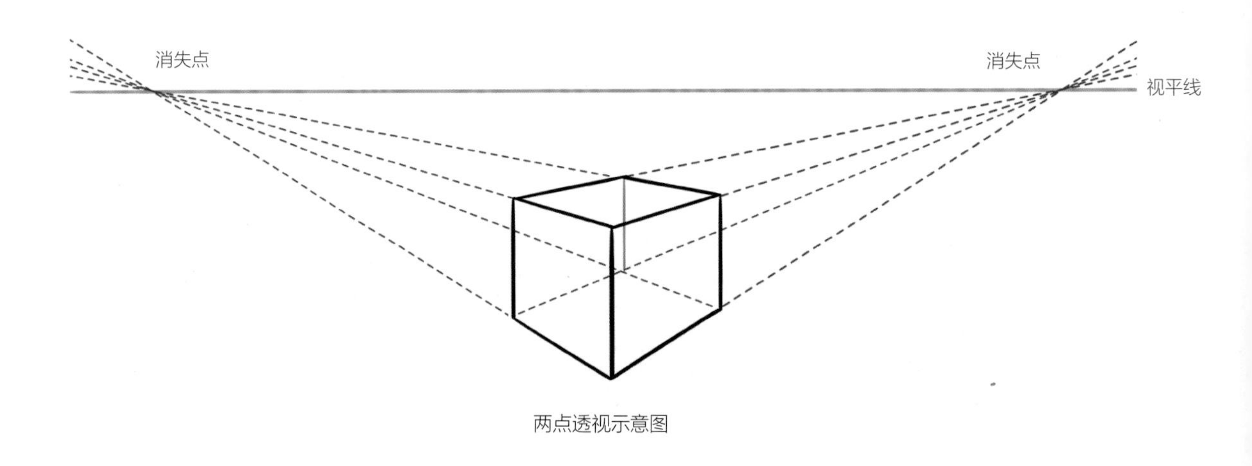

两点透视示意图

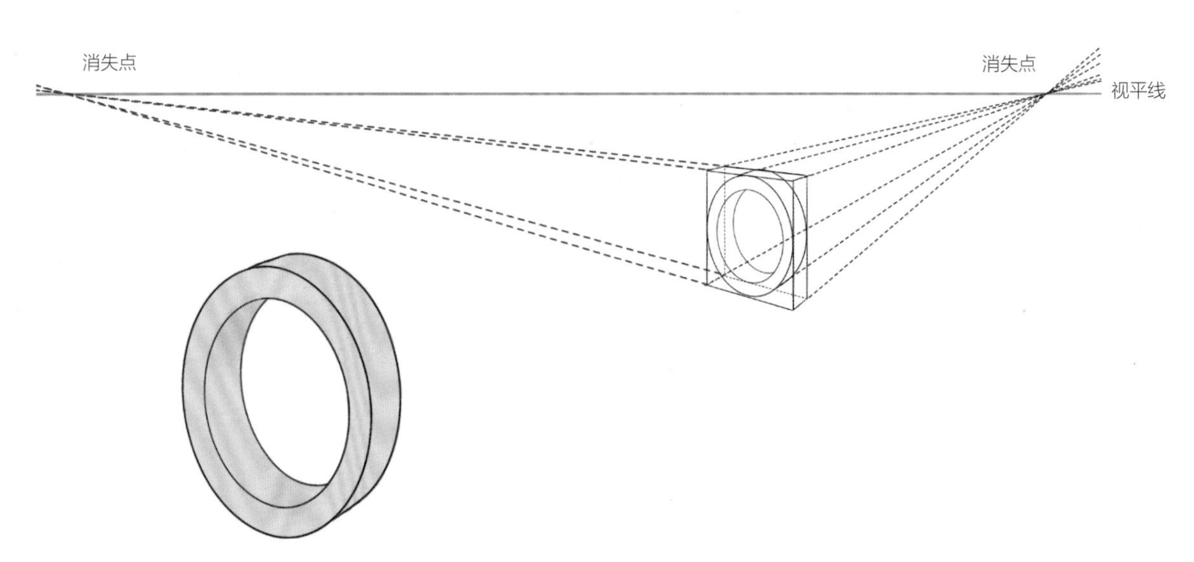

两点透视在珠宝设计手绘中的应用

3.3 三点透视

三点透视又称斜角透视，是在两点透视的基础上加入纵向高度透视的方法。三点透视有三个消失点，除了位于视平线上的两个消失点，还增加了一个位于视平线上方或下方的消失点。用三点透视法绘制的珠宝设计图具有较强的纵深感，视觉冲击力强。

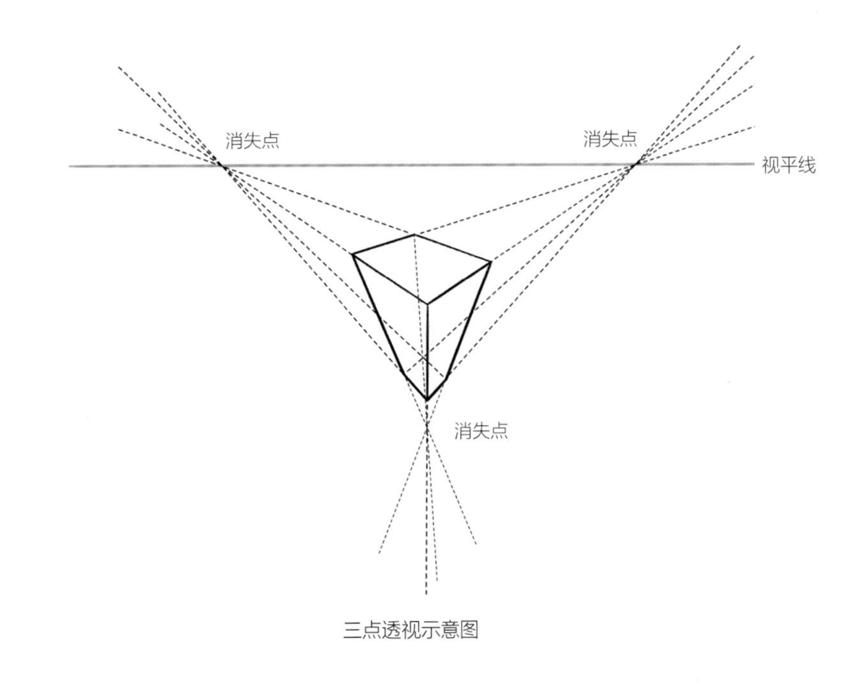

三点透视示意图

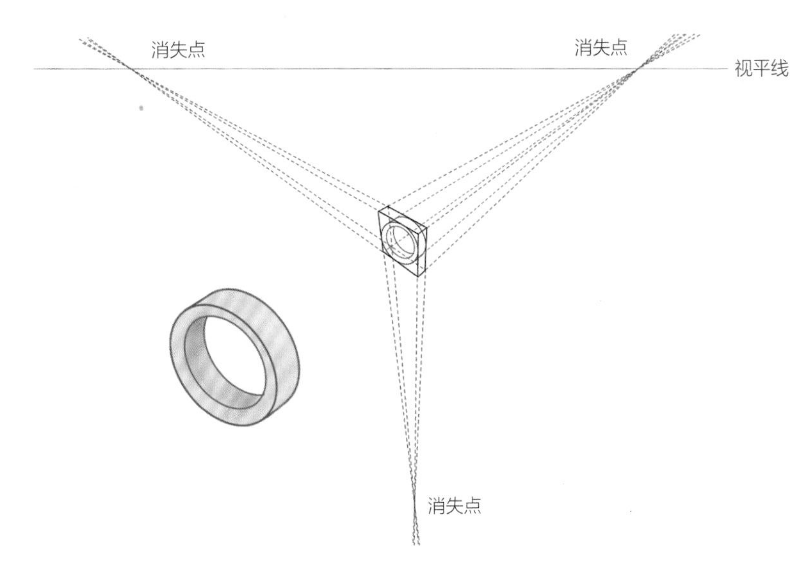

三点透视在珠宝设计手绘中的应用

3.4 指环的结构与透视原理

环形结构在珠宝中非常普遍，常见的珠宝品类，如戒指、手链、项链等，都具有环形结构。设计师可以利用圆形和圆柱体的透视法则，将这种环形结构分解为两个大小不同的、套在一起的圆柱体，这将使绘图过程变得更加简单易行。

以下是两点透视下的指环绘制步骤。

① 用两点透视法画出一个长方体，长方体的厚度与指环宽度一致，长边与指环外径一致。

② 在长方体内外两个面按透视关系画出两个圆。

③ 在外侧圆里面再画出一个小圆，表现出指环厚度。

④ 擦除辅助线，绘制完成。

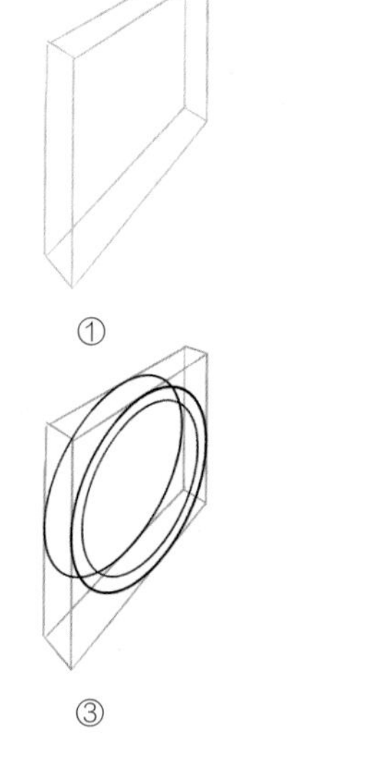

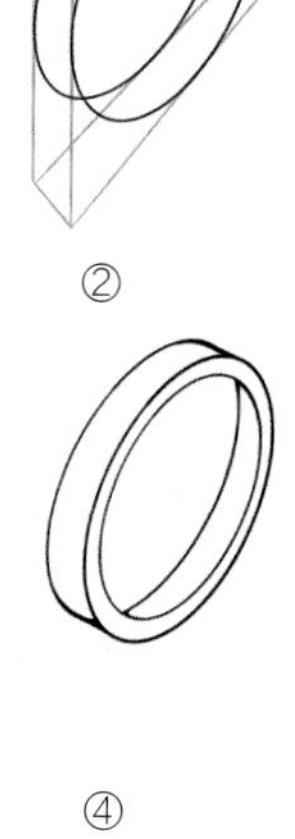

3.5 刻面宝石的透视

刻面宝石在透视图中的形状会随着观察角度的改变而改变。当我们从正前方观察竖立的宝石时，会看到标准的宝石正面。人眼的位置不变，随着宝石向后旋转，宝石的形状就会相应地产生透视变形。以圆形切割宝石为例，当正面平视竖立的宝石时，呈圆形的标准切割，随着宝石向后旋转，宝石的台面和切面也会随着宝石的旋转产生相应的变化，当宝石旋转至与视线水平时，我们看到的是一个完整的侧面图，如下图左列所示。其余两列分别是方形切割和心形切割在不同角度下的透视表现。

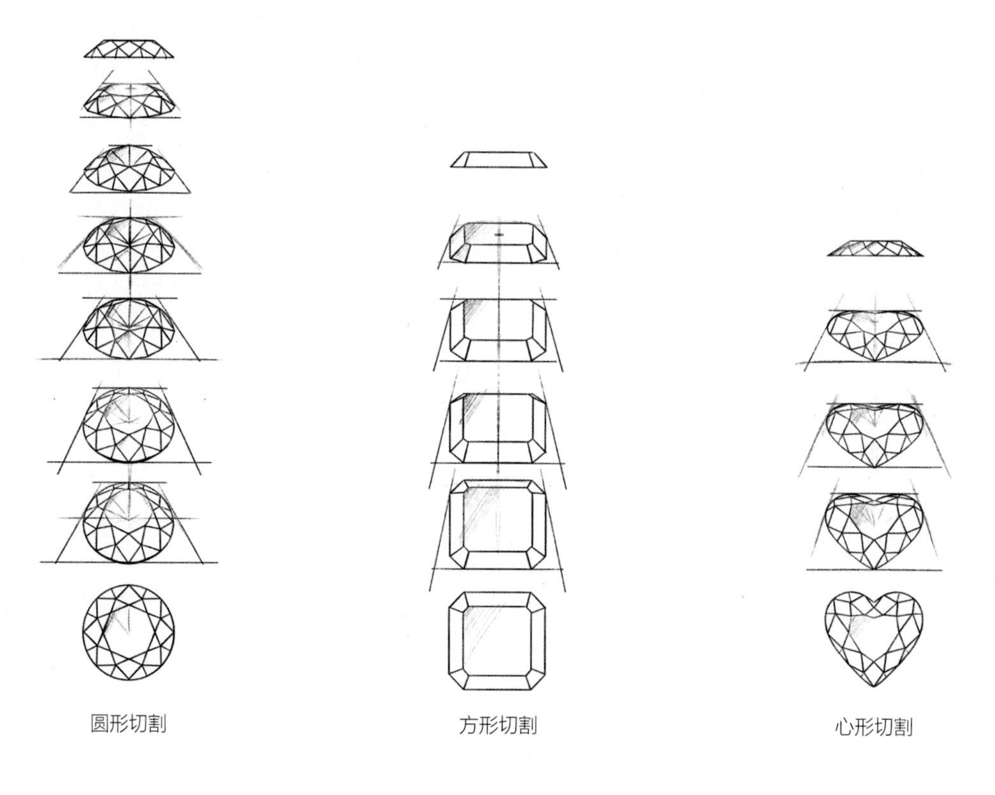

三视图

4.1 三视图的基本原理

在珠宝设计手绘中，三视图是一种常用的表达方法，它包括正视图、侧视图和俯视图。这三个画面通常是按照正交投影的方式进行绘制。正交投影是一种平行投影，类似用一束平行光把物体的影像垂直地投射到平面上，能够正确反映物体长、宽、高尺寸和比例关系，使设计师可以从不同的角度展示珠宝的形状、结构和细节，以准确地表现和传达设计意图。

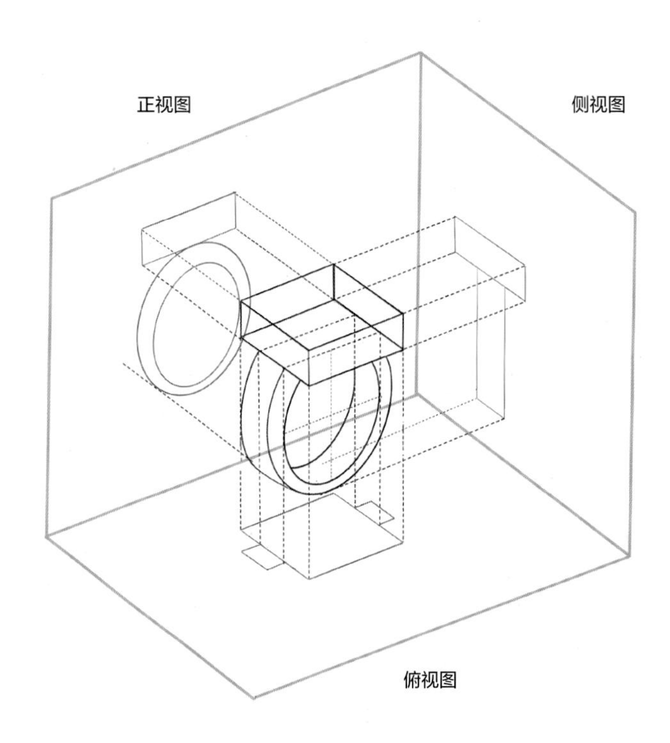

正视图：也叫前视图，它是从珠宝的正面直接看过去的效果。正视图可以清楚地显示出珠宝的前部结构，比如项链的挂件、戒指的主石等。这是珠宝设计中最常见的视图，也是最直观的视图。

侧视图：是从珠宝的侧面看过去的效果。通过侧视图，可以看到珠宝的高度和厚度，以及侧面的细节设计，如主石的镶嵌高度、戒指的轮廓线等。在珠宝设计中，侧视图对于描绘珠宝的立体感十分重要。

俯视图：是从珠宝的顶部向下看的效果，也就是我们通常所说的 " 鸟瞰图 "。通过俯视图，可以看到珠宝的整体布局和设计，如宝石的排列顺序、项链的链条形状等。在设计如戒指、耳环等小巧精致的珠宝时，俯视图尤其重要。

4.2 三视图的一般画法

一般情况下，设计师在草图设计时会先画出正视图，之后在正视图的基础上，画出侧视图和俯视图。如果已经有了一个戒指的正视图，可以按下面步骤来完成侧视图和俯视图的绘制。

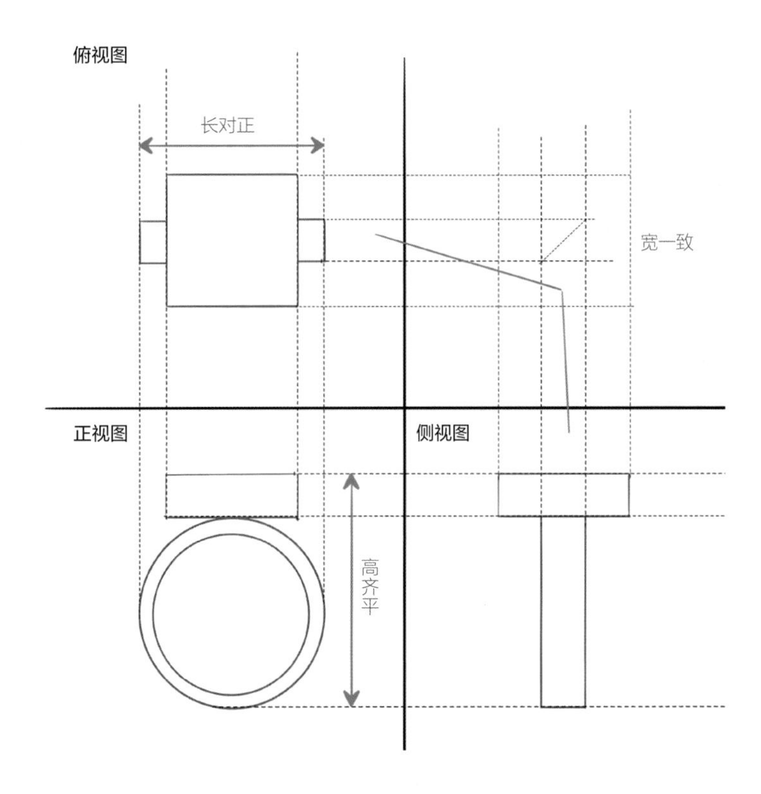

① 画侧视图。依据正视图画出对应的辅助线，高度和正视图齐平，显示出戒指的实际宽度和厚度以及宝石的高度和形态。同时，戒指的内部曲线也应在侧视图中体现出来。

② 画俯视图。绘制时，需要根据正视图来判定宝石的位置和戒指的形状，画出相应的辅助线，所有的长度对正。如果正视图显示戒指中间有一颗大宝石，两边有若干小宝石，那么在俯视图中，应该正确画出这些宝石的位置和大小，并按正确的比例来画出戒指的整体形态。

③ 在完成三视图绘制后，需要确认这三个视图在比例和维度上都是一致的，能够准确地反映出珠宝的形状和细节。这需要较强的空间想象力和绘画技巧。本书第九章有画三视图的详细步骤讲解，可通过持续地实践和练习，熟练掌握这个技巧。

4.3 珠宝成品的三视图

下面是根据上方的三视图画法画出的一款宝石镶嵌戒指的立体图和三视图，可清楚地看到该珠宝的形态以及宝石排列方式、镶嵌方式等细节。

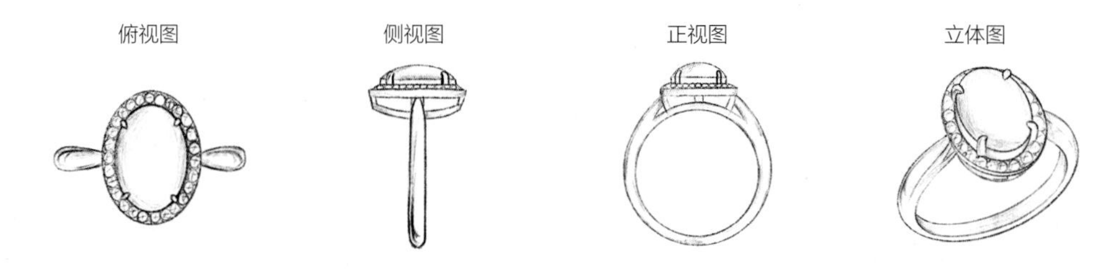

戒指三视图及立体图

4.4 刻面宝石的三视图

刻面宝石的外观受切工影响很大，不同切工的宝石，刻面数量不同。在绘制刻面宝石三视图时，要呈现出宝石的不同切面来展示宝石的切工。刻面宝石的三视图包括正视图、底视图和侧视图。

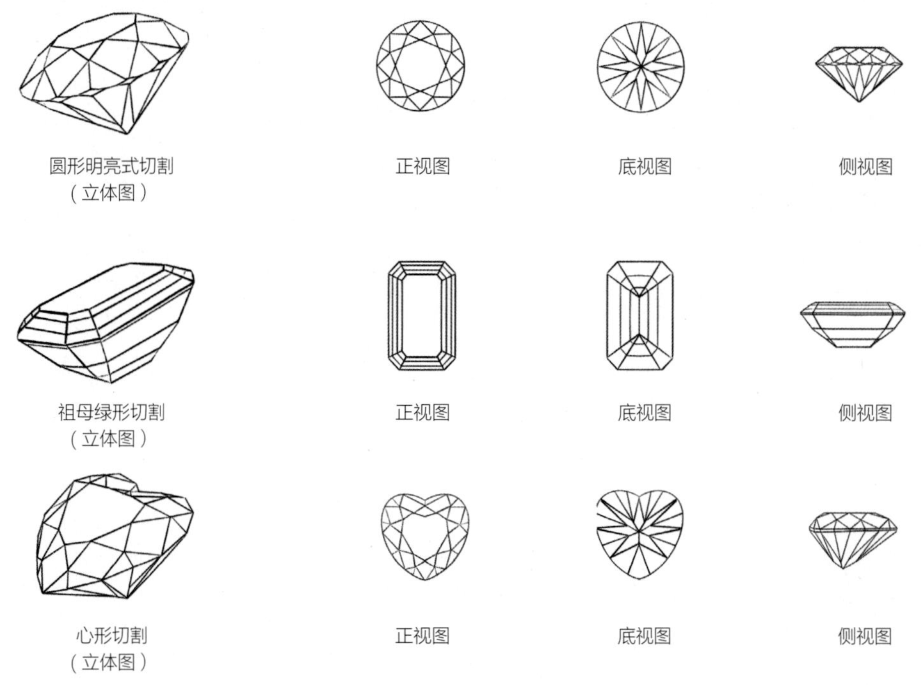

不同切工的刻面宝石立体图和三视图

刻面宝石的切割工艺及线稿绘制技法

5.1 刻面宝石的常见切割工艺

宝石按照切割工艺可分为两类：素面宝石和刻面宝石。素面宝石是指仅经过抛光处理，没有经过切割的宝石。在抛光过程中，宝石的表面被磨光，使其表面光滑并能够反射光线，但并没有切割出特定的几何形状。刻面宝石是通过切割工艺将原石加工成拥有几何形状的刻面的宝石。切割的目的在于消除宝石的瑕疵，突显其色彩，并利用刻面创造光泽，使宝石的美丽发挥到极致。在切割过程中，设计师需详细考虑宝石的切面结构，以达到最优效果。

刻面宝石的切割形状一般分为圆形、椭圆形、水滴形、马眼形、三角形、方形、八角形、祖母绿形、狭长方形、阿斯切形、雷迪恩形、心形、垫形、公主方形、玫瑰形等。

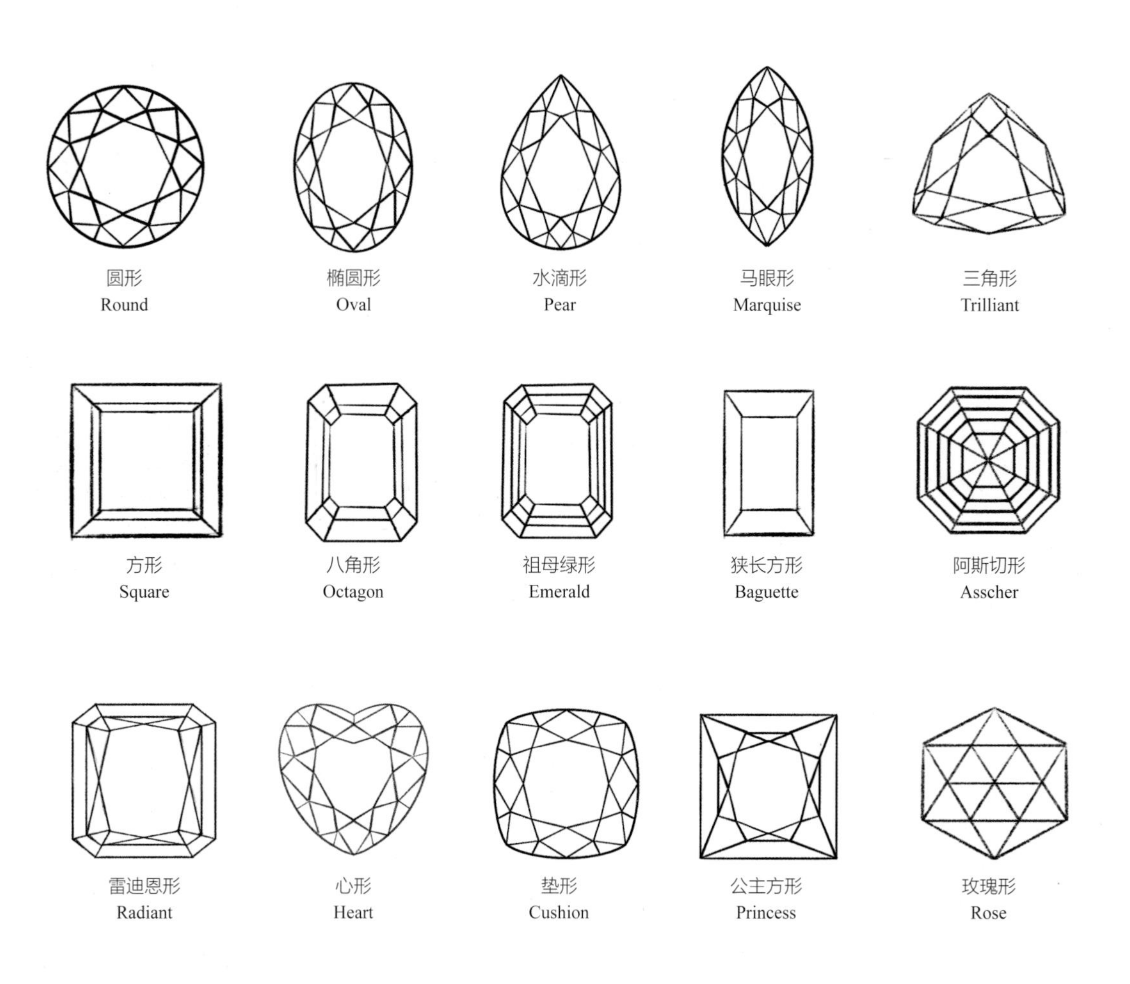

刻面宝石的常见切割形状

5.2 不同切割工艺的刻面宝石的线稿绘制技法

圆形明亮式切割刻面宝石

圆形明亮式切割（Round Brilliant Cut）是最常见的切割方式，标准的圆形明亮式切割由 57 ~ 58 个刻面组成，其中冠部有 1 个台面、8 个星刻面、8 个主刻面（又称风筝面）以及 16 个上腰小面，亭部有 8 个亭部主刻面、16 个下腰小面以及 1 个可选的底面。理想的圆形明亮式切割的台宽比为 53%。圆形明亮式切割方式之所以被广泛使用，是因为它能够最大程度地反射光线，使宝石在光线下拥有夺目的光彩。但其对切割技术要求高，且切割过程中原石的损耗非常严重。

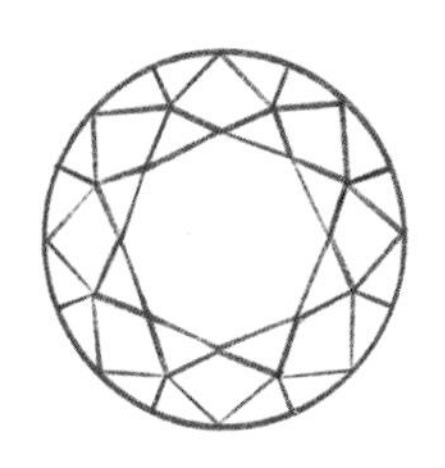

圆形明亮式切割
（Round Brilliant Cut）

线稿绘制方法

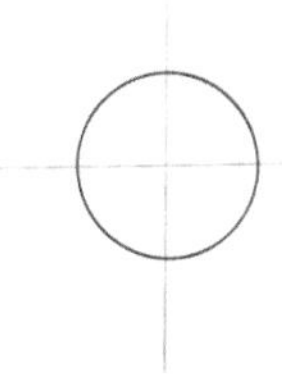

1 用 0.3mm 的自动铅笔和直尺在纸上轻轻绘制出十字线，再用宝石模板尺绘制出圆形宝石外轮廓。

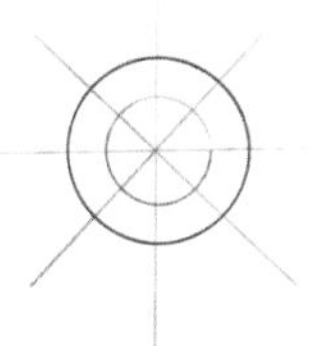

2 用圆角尺画出与水平线夹角为 45° 的米字形辅助线。用模板尺按台宽比[①] 53% 在圆内绘制缩小版的圆形。

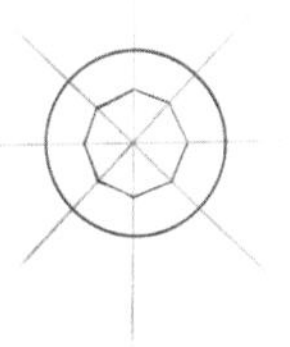

3 连接小圆与米字辅助线、十字辅助线的 8 个交点，形成八边形的台面。

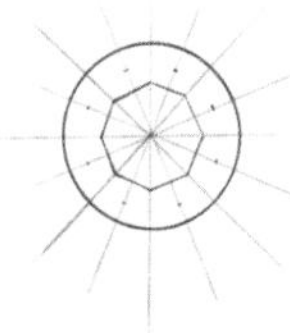

4 找到八边形的八条边的中点，与十字辅助线交点连接后，在米字辅助线与十字辅助线间画出 8 条新辅助线。在新画的 8 条辅助线上各取一个大圆与八边形之间的中点，共 8 个点。

5 将 8 个点与八边形顶点分别连接在一起，形成 8 个星刻面。

6 将 8 个星刻面的 8 个顶点和大圆与米字辅助线、十字辅助线的 8 个交点相连，形成 8 个风筝面。

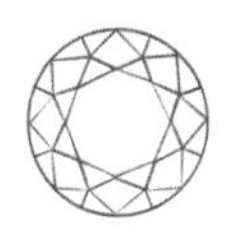

7 将星刻面顶点和所对应的辅助线与大圆的交点连接，形成 16 个上腰小面。用勾线笔把宝石结构重新勾勒一遍，擦除所有辅助线，即可完成绘制。

① 台宽比 $=\frac{台宽}{短径}\times 100\%$

其中，台宽为台面短径方向最大长度；短径为腰部轮廓水平面的最长直径。

椭圆形切割刻面宝石

椭圆形切割（Oval Cut）是一种应用广泛的切割方式，是由圆形明亮式切割改良而来。标准椭圆形切割的台宽比为 55%~65%。这种切割方式的宝石形状细长、优雅，对原石的留存率较高。进行椭圆形切割时应注意肩部对称，避免“领结效应”。

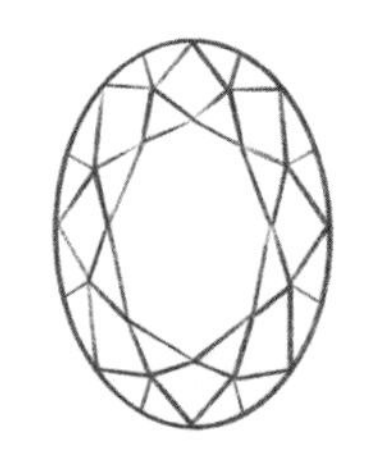

椭圆形切割（Oval Cut）

线稿绘制方法

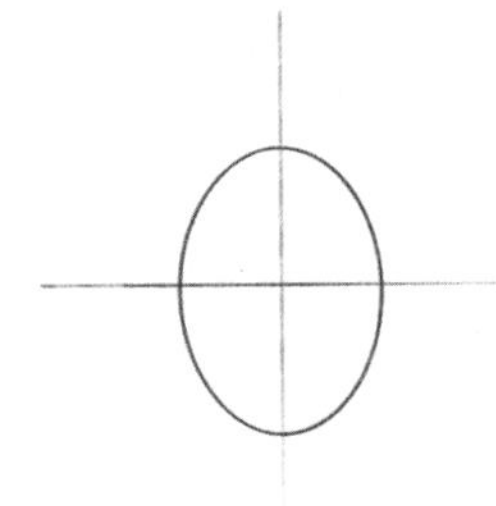

1 用 0.3mm 的自动铅笔和直尺在纸上绘制出十字线，再用宝石模板尺绘制出椭圆形宝石外轮廓。

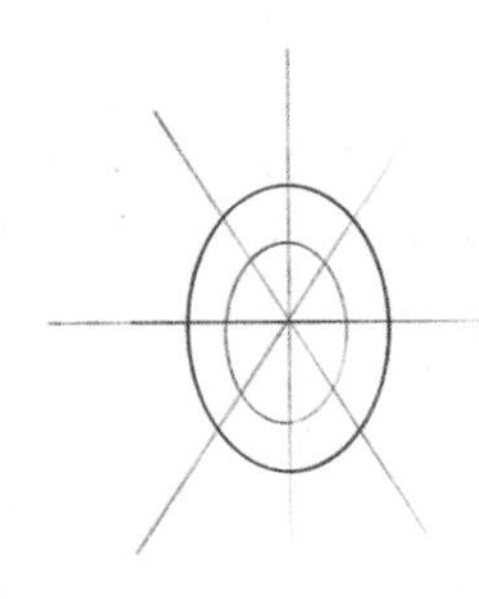

2 用圆角尺画出与十字线的纵轴夹角为 40° 的米字形辅助线。按台宽比用模板尺在椭圆内绘制缩小版的椭圆形。

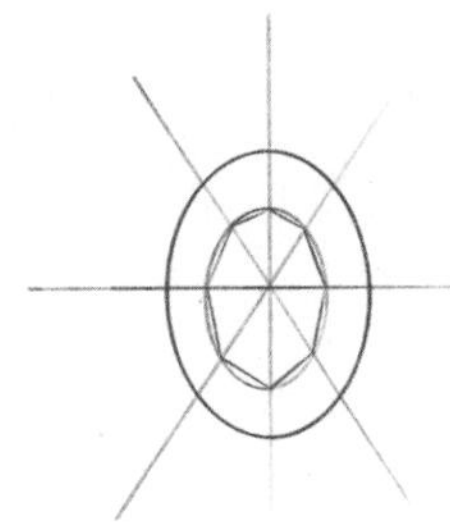

3 连接小椭圆与米字辅助线、十字辅助线的 8 个交点，形成八边形的台面。

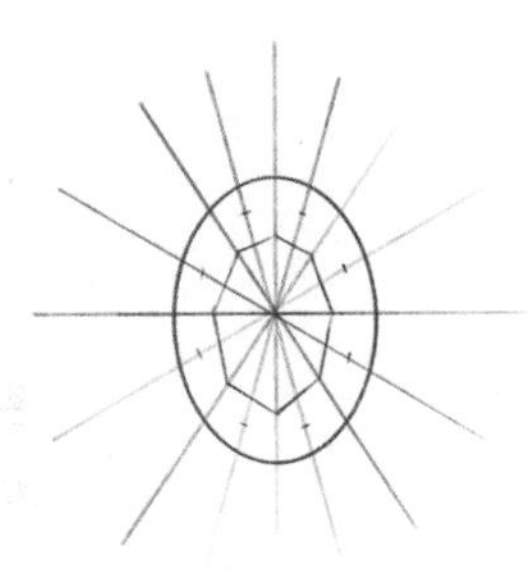

4 找到八边形的八条边的中点，与十字辅助线的交点连接后画出 8 条新辅助线。在新画的 8 条辅助线上取椭圆与八边形之间的中点，共 8 个点。

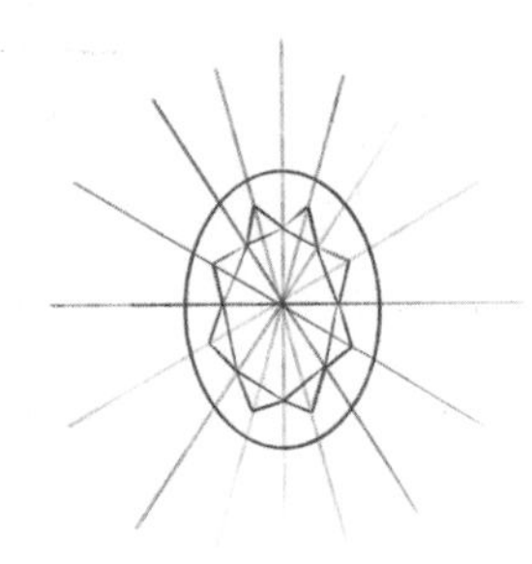

5 将上面的 8 个点与八边形顶点分别连接在一起，形成 8 个星刻面。

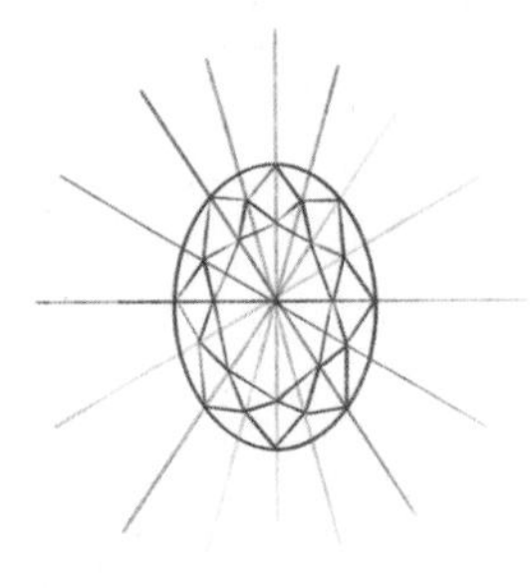

6 将 8 个星刻面的 8 个顶点和椭圆与米字辅助线、十字辅助线的 8 个交点相连，形成 8 个风筝面。

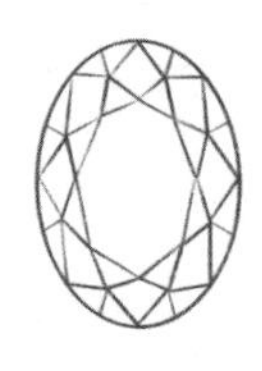

7 将星刻面顶点和所对应的辅助线与椭圆的交点连接，形成 16 个上腰小面。用勾线笔把宝石结构重新勾勒一遍，擦除所有辅助线，即可完成绘制。

垫形切割刻面宝石

垫形切割（Cushion Cut）又称枕形切割（Pillow Cut），通常有 58 个刻面，其边角呈圆形，古典大方。垫形切割的台宽比为58%~63%。垫形切割的钻石相较圆形明亮式切割的钻石明亮度差一些，但拥有更强的散射火彩。

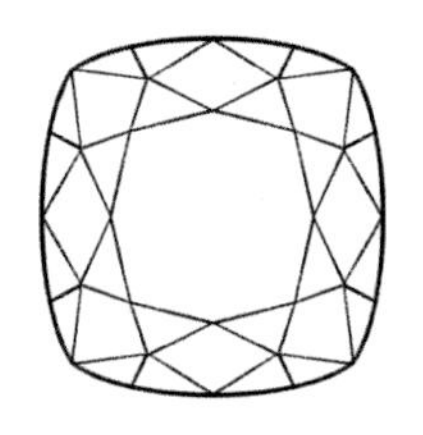

垫形切割（Cushion Cut）

线稿绘制方法

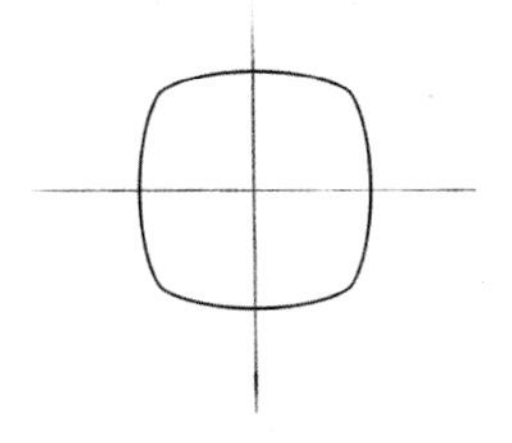

1 用 0.3mm 的自动铅笔和直尺在纸上绘制十字线，再用宝石模板尺绘制出枕形外轮廓。

2 在十字辅助线中间画出与十字辅助线夹角 45° 的米字辅助线，取十字辅助线的 4 个中点，在枕形内部绘制出一个小正方形。

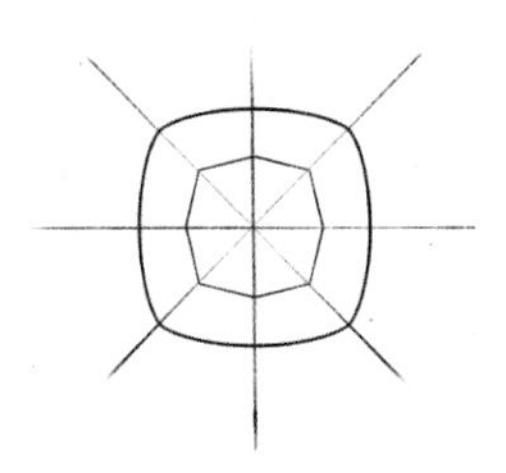

3 将小正方形的四个顶点分别与枕形内十字辅助线上距中心点 58%~63% 的点连接，形成八边形台面。

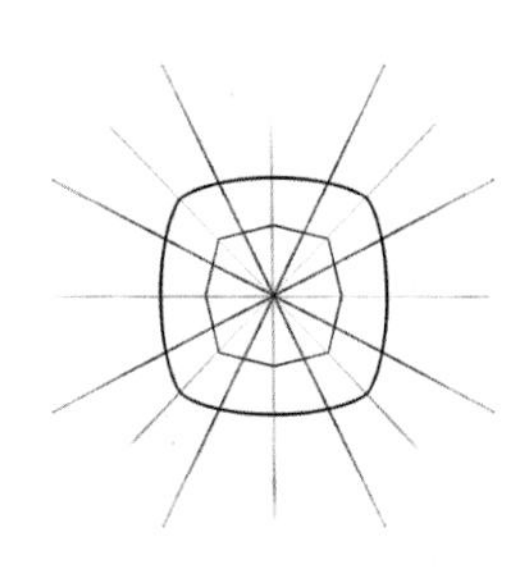

4 找到八边形的 8 条边的中点，与原点连接后，画出 8 条新辅助线。

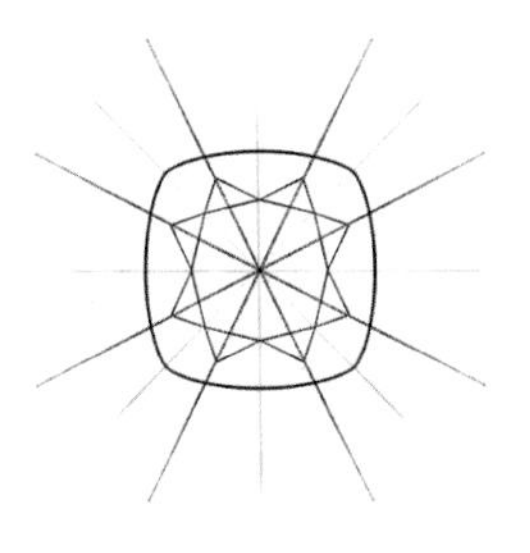

5 在新画的 8 条辅助线上取枕形与八边形之间的中点，共 8 个点。将 8 个点分别与八边形顶点连接在一起，形成 8 个星刻面。

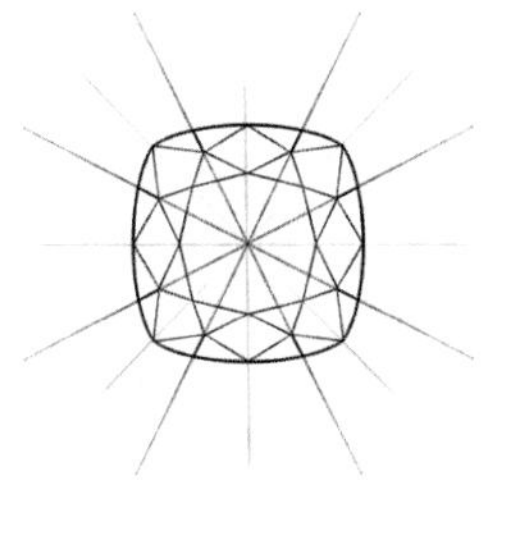

6 将 8 个星刻面的 8 个顶点和枕形与米字辅助线、十字辅助线的 8 个交点相连，形成 8 个风筝面。

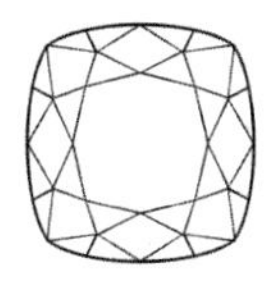

7 将星刻面顶点和其所对应的辅助线与枕形的交点连接，形成 16 个上腰小面。用勾线笔把宝石结构重新勾勒一遍，擦除所有辅助线，即可完成绘制。

水滴形切割刻面宝石

水滴形切割（Pear Cut）也叫梨形切割，其外观如同一颗水滴，非常独特。标准水滴形切割的台宽比为 56%~60%。水滴形切割拥有与圆形明亮式切割相似的明亮度和火彩，且是所有切割工艺中最显宝石颜色的，因而应用很广泛。

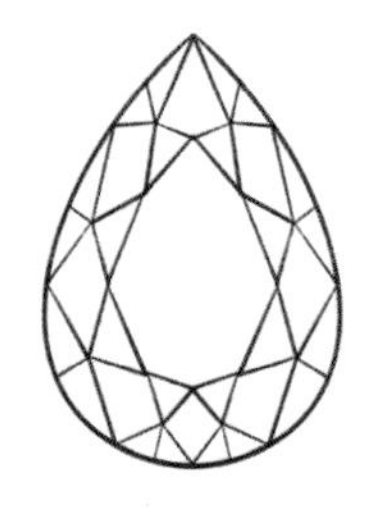

水滴形切割（Pear Cut）

线稿绘制方法

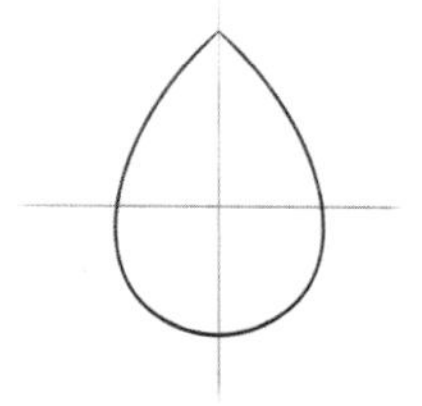

1 用 0.3mm 的自动铅笔和直尺在纸上绘制十字线，再用宝石模板尺绘制出水滴形宝石外轮廓。

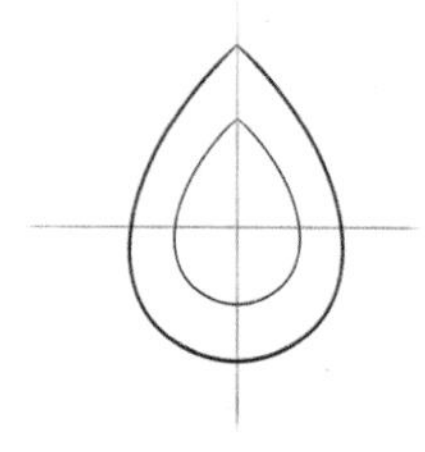

2 用宝石模板尺按台宽比在水滴形内部画出缩小版的水滴形。

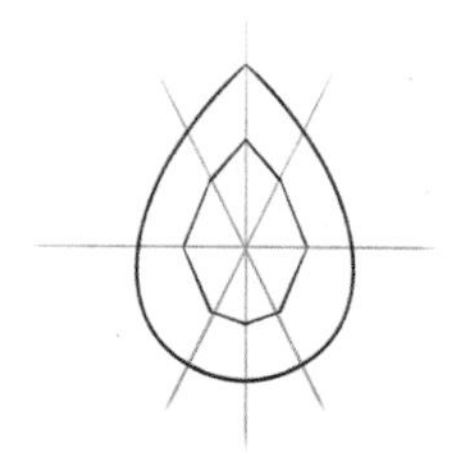

3 画出与纵轴夹角 20° 的米字形辅助线，用直线连接小水滴形与米字辅助线、十字形辅助线的 8 个交点，形成八边形台面。

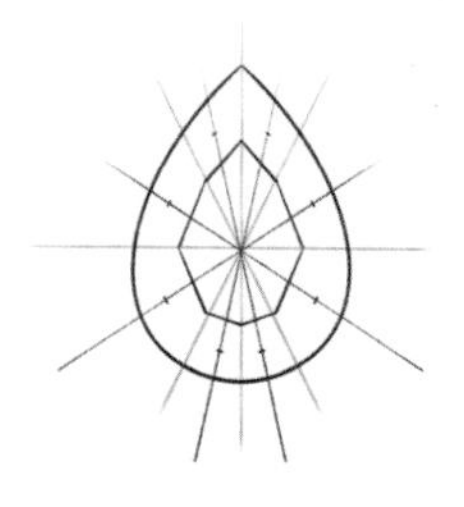

4 找到八边形的八条边的中点，与中心点连接后，画出 8 条新辅助线。在新画的 8 条辅助线上取大水滴形与八边形之间的中点，共 8 个点。

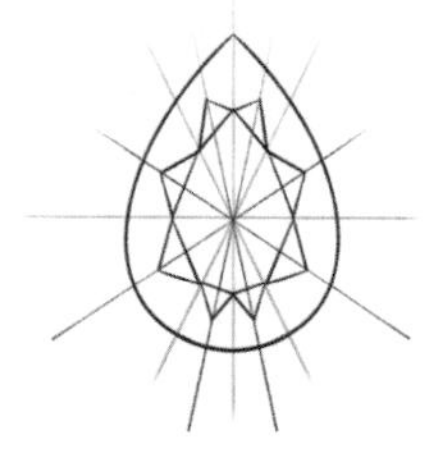

5 将 8 个点分别与八边形顶点连接在一起，形成 8 个星刻面。

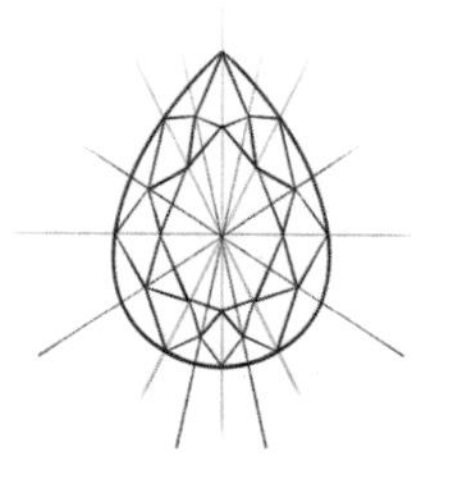

6 将星刻面的 8 个顶点和大水滴形与米字辅助线、十字辅助线的 8 个交点相连，形成 8 个风筝面。

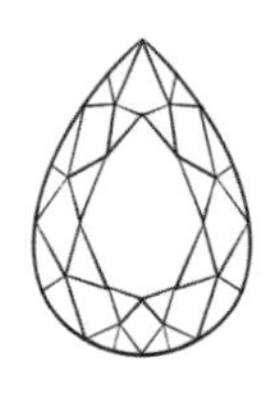

7 将星刻面顶点和其所在的辅助线与大水滴形的交点连接，形成 16 个上腰小面。用勾线笔把宝石结构重新勾勒一遍，擦除所有辅助线，即可完成绘制。

心形切割刻面宝石

心形切割（Heart Cut）是一种非常浪漫的切割方式，其宝石形状为心形，对切割工艺的要求极高，且对原石的损耗极大。心形切割通常有 59 个刻面，标准心形切割的台宽比为 54%~60%。

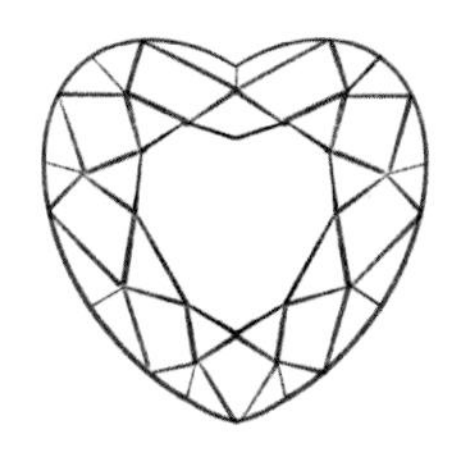

心形切割（Heart Cut）

线稿绘制方法

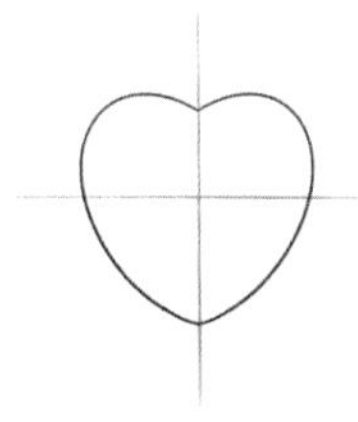

1 用 0.3mm 的自动铅笔和直尺在纸上绘制十字线，再用宝石模板尺绘制出心形宝石外轮廓。

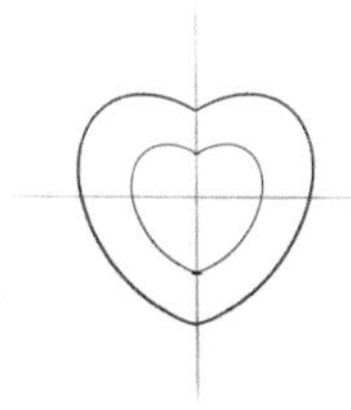

2 在心形内用宝石模板尺按台宽比绘制一个缩小版的心形。

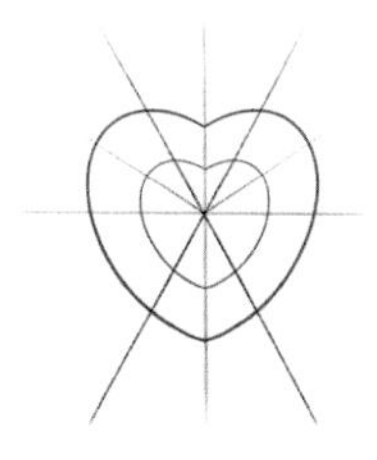

3 从心形右半侧顺时针画出与纵轴夹角 30°、60°、150° 的辅助线。左半侧画出对称的辅助线。

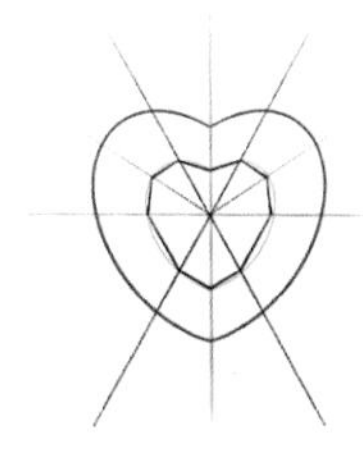

4 连接小心形与辅助线的 10 个交点，形成十边形台面。

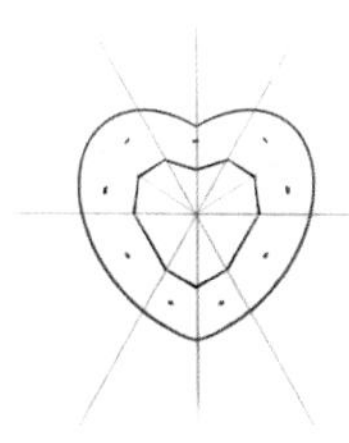

5 找出十边形的左右 8 条边的中点，在中点与心形中心点的连线上取十边形与大心形之间 1/2 处的 8 个点，再取心形顶点与十边形顶点间的中点，共 9 个点。

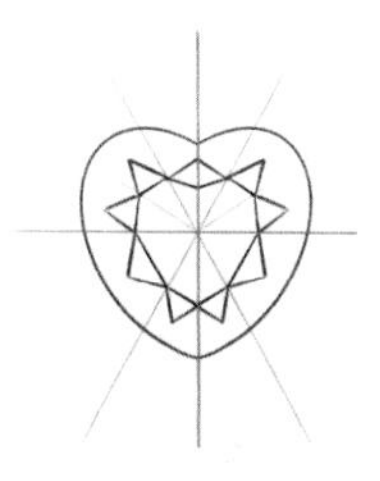

6 将 9 个点分别与十边形顶点连接在一起，形成星刻面。

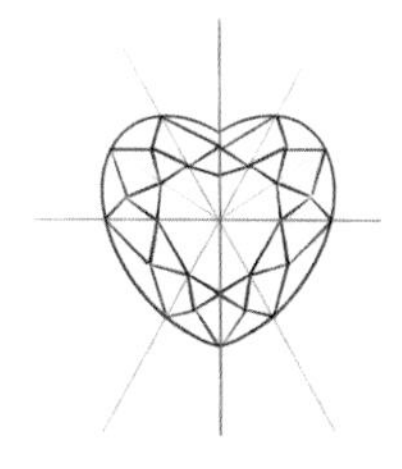

7 将星刻面顶点与辅助线和心形的交点连接，形成风筝面。

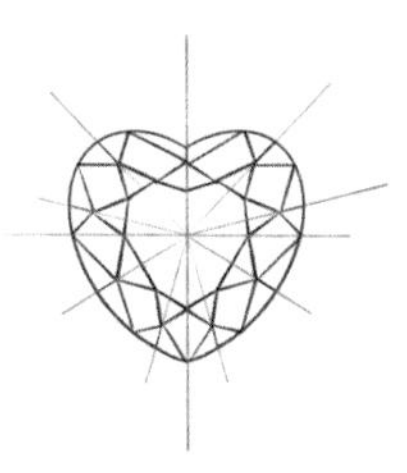

8 连接中心点与星刻面顶点，画出如图所示的辅助线。

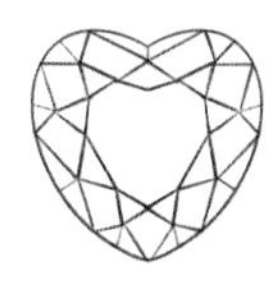

9 将星刻面顶点和其所对应的辅助线与心形的交点连接，形成上腰小面。用勾线笔把宝石结构重新勾勒一遍，擦除所有辅助线，即可完成绘制。

马眼形切割刻面宝石

马眼形切割（Marquise Cut）又称榄尖形切割、舟形切割，这种切割方式十分注重对称性。标准马眼形切割的台宽比55%~63%。马眼形切割能使宝石看起来比实际重量大，其修长的形状能使佩戴者的手指显得更纤细修长。

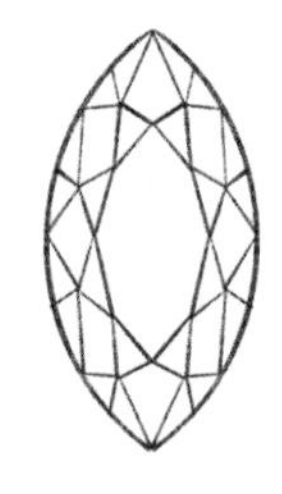

马眼形切割（Marquise Cut）

线稿绘制方法

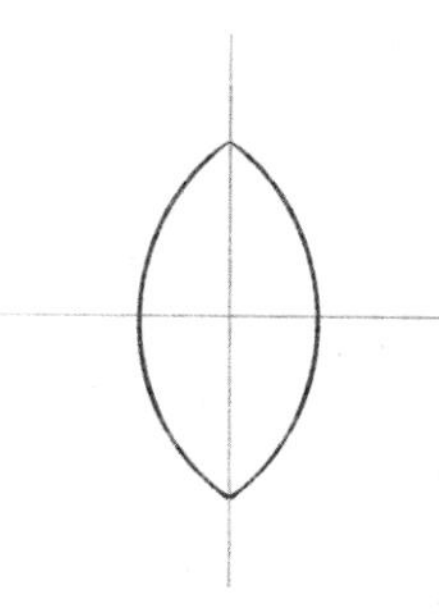

1 用0.3mm的自动铅笔和直尺在纸上绘制十字线，再用宝石模板尺绘制出马眼形宝石外轮廓。

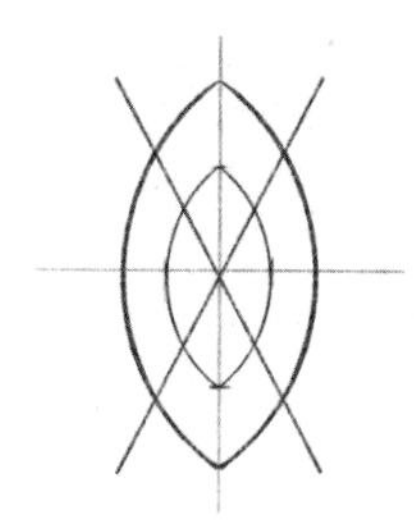

2 在马眼形内侧用宝石模板尺按台宽比画出缩小版马眼形，并画出与纵轴夹角40°的米字辅助线。

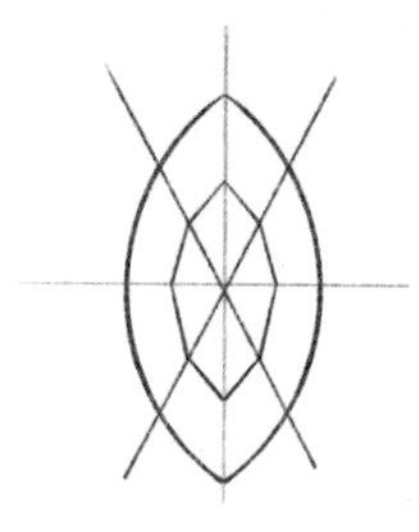

3 连接小马眼形与十字辅助线、米字辅助线的8个交点，形成八边形台面。

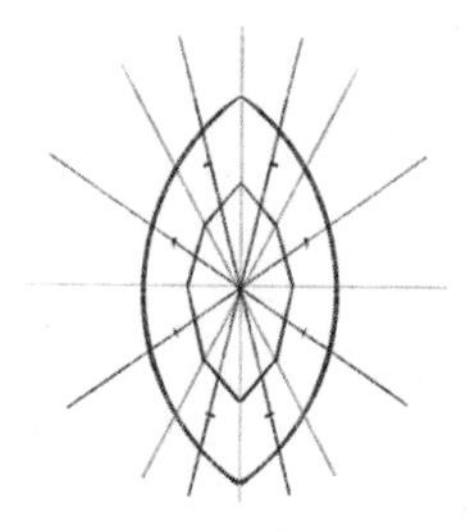

4 找到八边形的8条边的中点，与中心点连接后，画出8条新辅助线。在新画的8条辅助线上取马眼形与八边形之间的中点，共8个点。

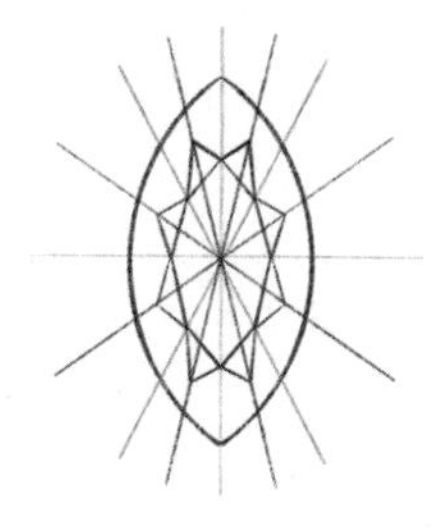

5 将8个点分别与八边形顶点连接在一起，形成8个星刻面。

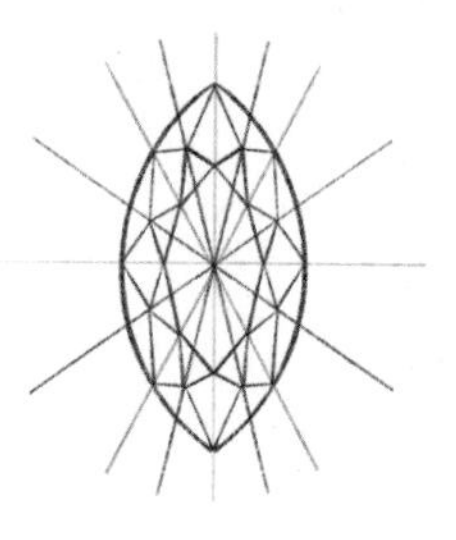

6 将8个星刻面的8个顶点和大马眼形与米字辅助线、十字辅助线的8个交点相连，形成8个风筝面。

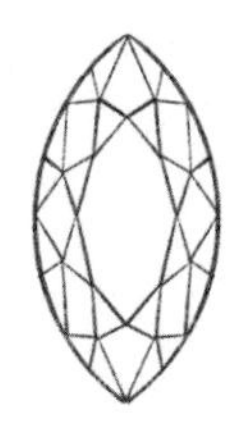

7 将星刻面顶点和其所对应的辅助线与大马眼形的交点连接，形成16个上腰小面。用勾线笔把宝石结构重新勾勒一遍，擦除所有辅助线，即可完成绘制。

公主方形切割刻面宝石

公主方形切割（Princess Cut）是现代珠宝设计中非常流行的切割方式之一。这种切割方式非常注重对称性，最佳长宽比为 1 ：1，台宽比为 60%~72%。公主方的外形在镶嵌方面比其他形状更具优势，能实现无缝拼接。采用公主方形切割的宝石的四个面呈金字塔形，能反射更多光线，是方形切割宝石中最明亮的一种。

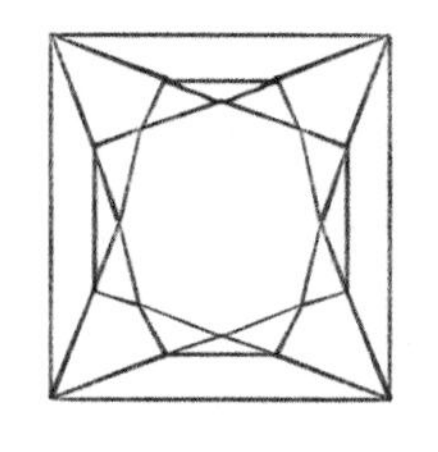

公主方形切割（Princess Cut）

线稿绘制方法

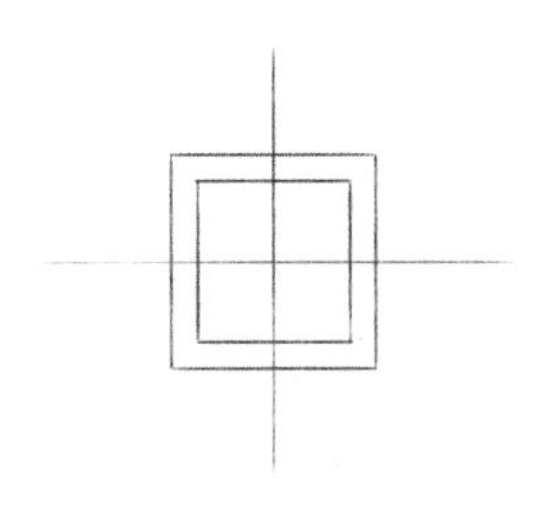

1 用 0.3mm 的自动铅笔和直尺在纸上绘制十字线，用宝石模板尺绘制一个正方形宝石外轮廓。之后在正方形内十字辅助线的 2/3 处画出缩小版的正方形。

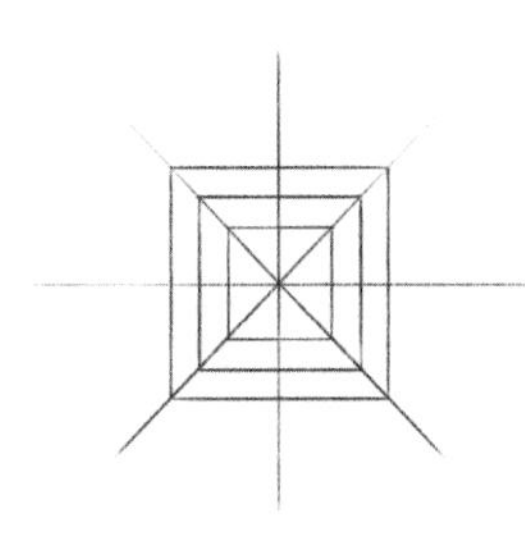

2 在大正方形十字辅助线的约 1/2 处再画出一个缩小版的正方形，并画上连接 3 个方形顶点的米字辅助线。

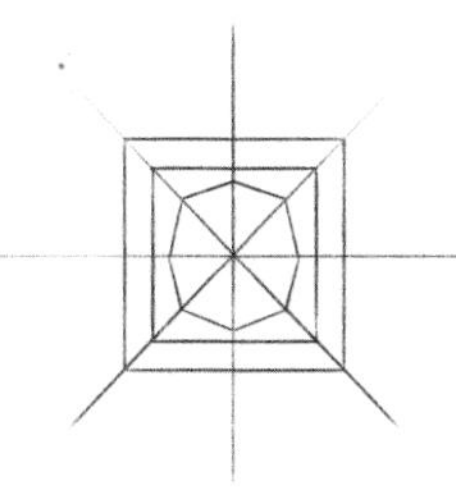

3 将小正方形的 4 个顶点分别与大正方形内十字辅助线的 60%~72% 处的点连接，形成八边形台面。

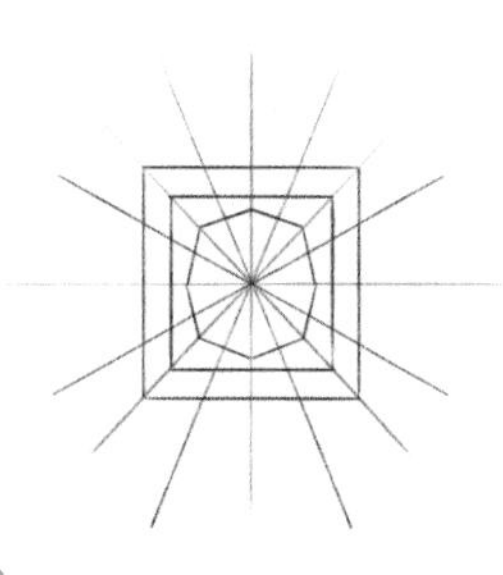

4 找到八边形的 8 条边的中点，与中心点连接后，画出 8 条新辅助线。

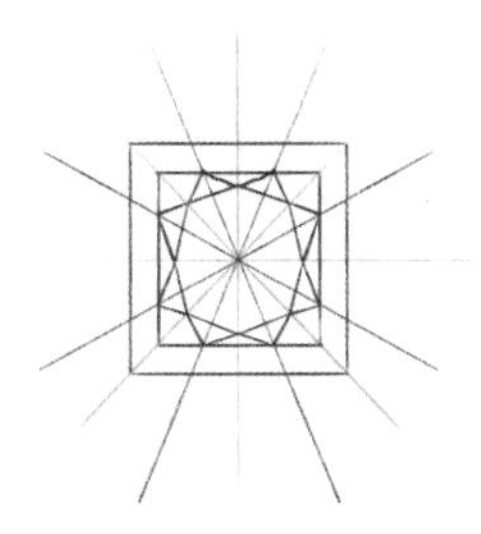

5 将八边形的 8 个顶点和中正方形与新辅助线的 8 个交点连接在一起，形成 8 个星刻面。

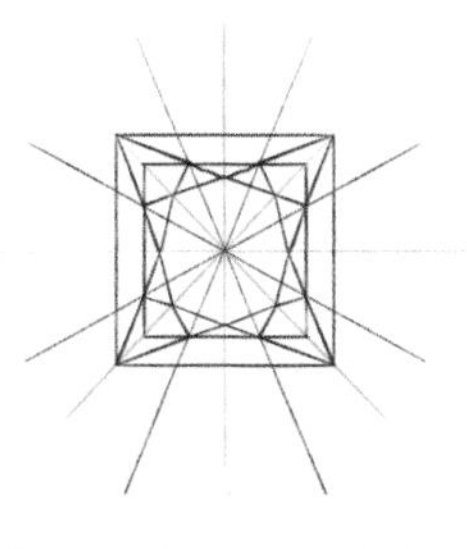

6 将 8 个星刻面的顶点与大正方形的 4 个顶点连接。

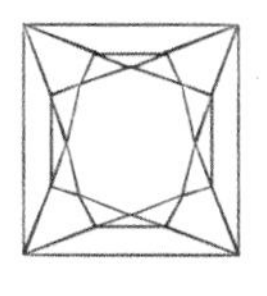

7 将中正方形的四个角和所有辅助线擦除，用勾线笔把宝石结构重新勾勒一遍，即可完成绘制。

祖母绿形切割刻面宝石

祖母绿形切割（Emerald Cut）是最常用的矩形宝石切割方式，因最常用于祖母绿的切割而得名。这种切割方式采用大阶梯式刻面，能清晰地展现出宝石的天然色彩和内部杂质，因而对宝石的颜色和净度要求较高。祖母绿形切割的台宽比为 53%~75%。

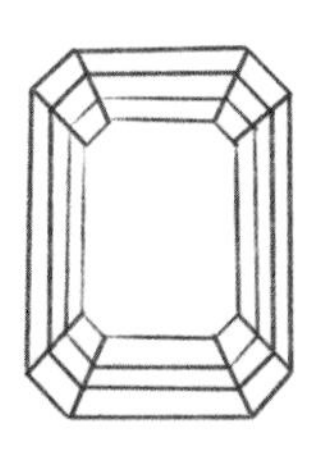

祖母绿形切割（Emerald Cut）

线稿绘制方法

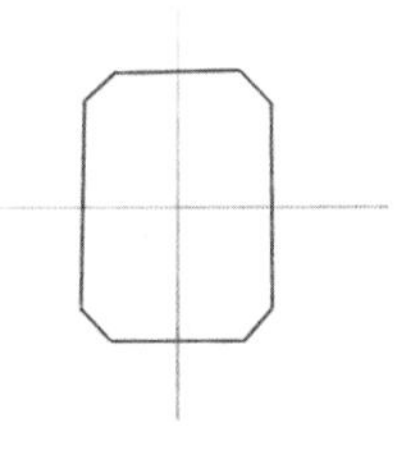

1 用 0.3mm 的自动铅笔和直尺在纸上绘制十字线，再用宝石模板尺绘制出祖母绿形宝石外轮廓。

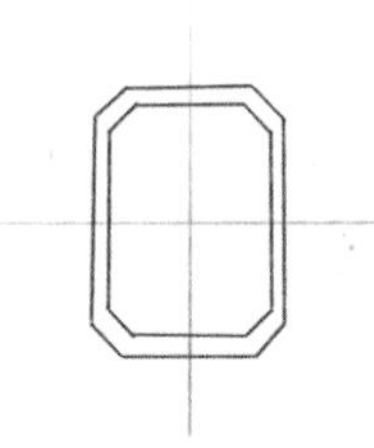

2 在大祖母绿形十字辅助线的 1/6 处画出各条边与大祖母绿形等距的小祖母绿形。

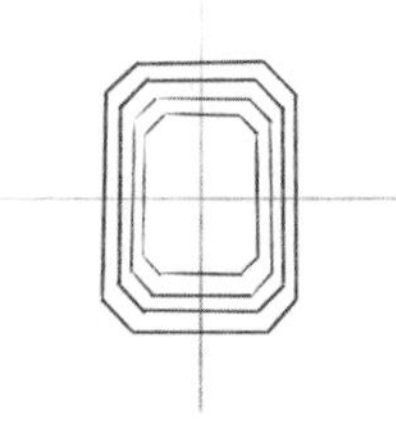

3 在大祖母绿形十字辅助线的 2/6 和 3/6 处再依次绘制 2 个等距的小祖母绿形，确保 4 个祖母绿形各条边的间距皆相等。

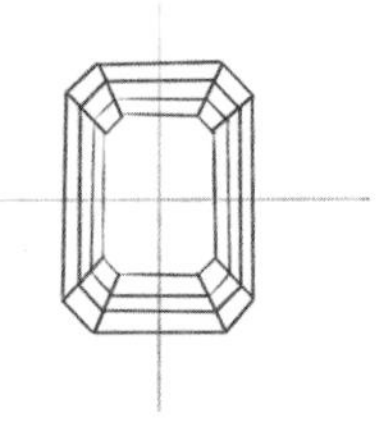

4 连接 4 个祖母绿形对应的顶点。

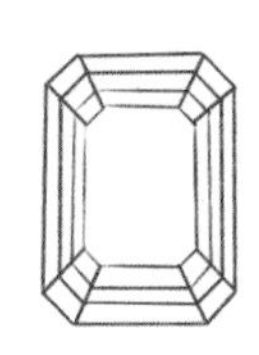

5 用勾线笔把宝石结构重新勾勒一遍，擦除所有辅助线，即可完成绘制。

雷迪恩形切割刻面宝石

雷迪恩形切割（Radiant Cut）是圆形明亮式切割和祖母绿形切割的结合，通常为方形或长方形。这种切割方式的宝石既拥有圆形明亮式切割的火彩，又保留了祖母绿形切割的经典之美。最佳雷迪恩形切割的台宽比为 61%~69%。

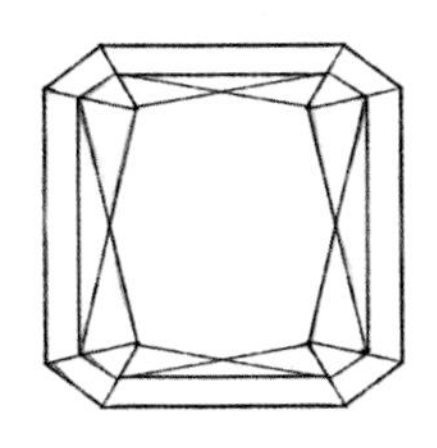

雷迪恩形切割（Radiant Cut）

线稿绘制方法

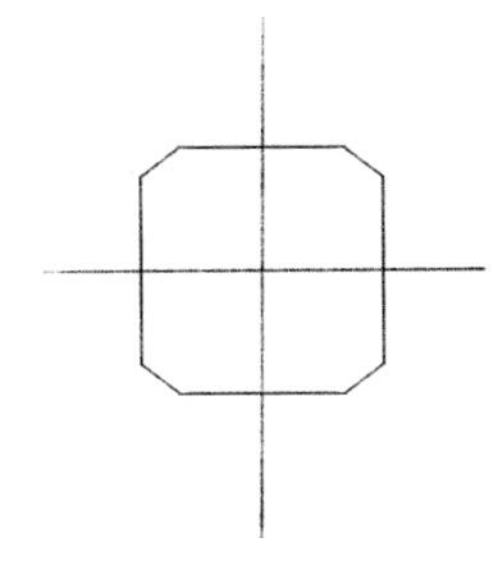

1 用 0.3mm 的自动铅笔和直尺在纸上绘制十字线，再用宝石模板尺绘制出八角形宝石外轮廓。

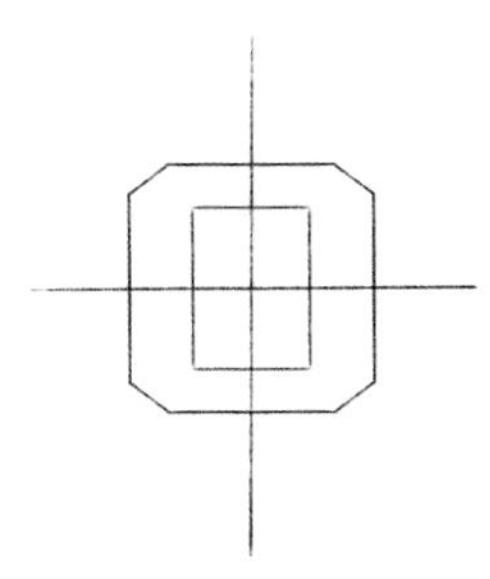

2 在八角形十字辅助线横轴的 1/2 处和纵轴的 1/3 处各取 2 个点，绘制出一个小长方形。

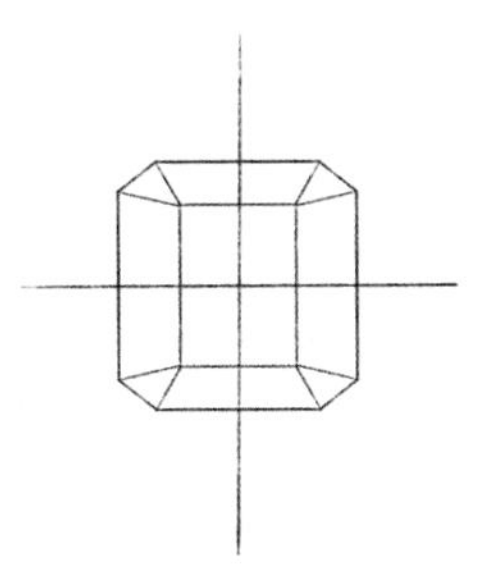

3 将小长方形的四个顶点和八角形的八个顶点连接。

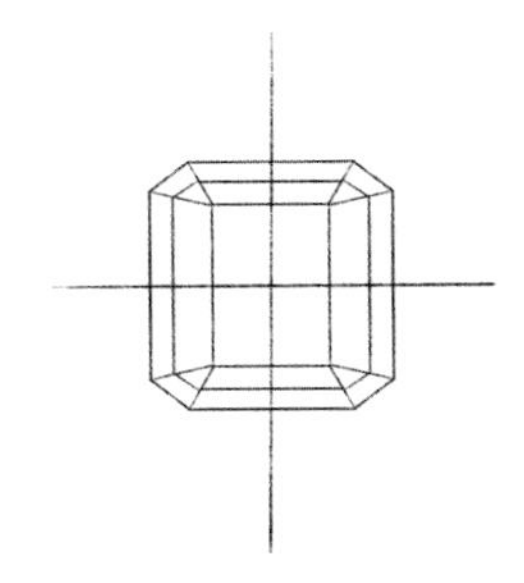

4 在八角形与小长方形之间的十字线的横轴的 1/3 处取 2 个点、纵轴的 1/2 处取 2 个点。通过这 4 个点画出与外轮廓相同的等比例缩小的八角形。

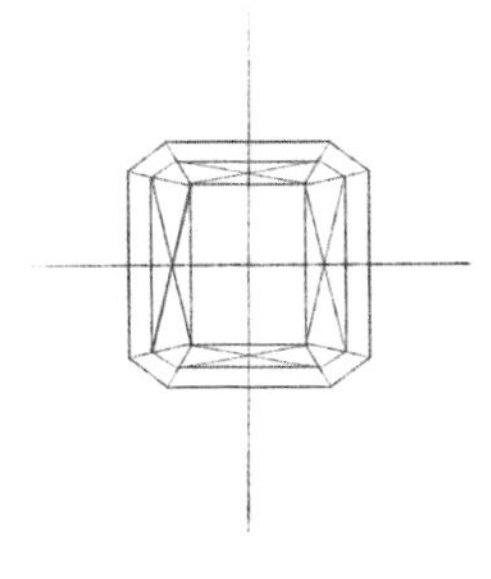

5 按图中示例交叉连接小八角形与小长方形的顶点。

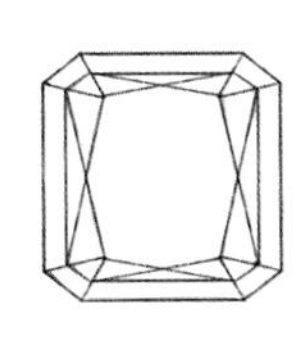

6 用勾线笔把宝石结构重新勾勒一遍，擦除小长方形和十字辅助线，即可完成绘制。

狭长方形切割刻面宝石

狭长方形切割（Baguette Cut）也称为长方形切割，是一种类似于祖母绿形切割的切割方式，但比祖母绿形切割的刻面少、技术简单，常用于小的宝石。

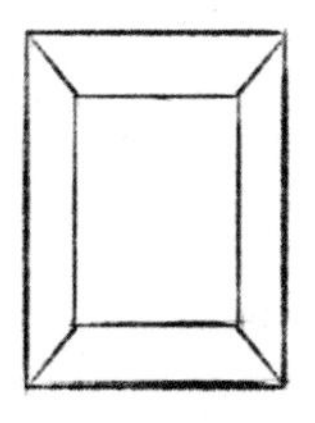

狭长方形切割（Baguette Cut）

线稿绘制方法

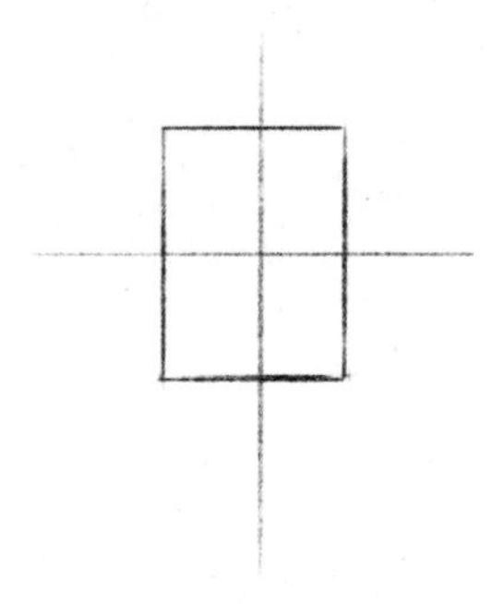

1 用 0.3mm 的自动铅笔和直尺在纸上绘制十字线，再用宝石模板尺绘制出长方形宝石外轮廓。

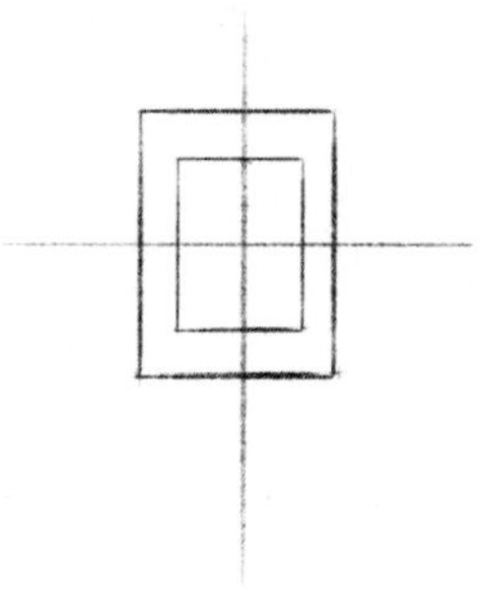

2 在长方形十字辅助线的 1/3 处画出缩小版的长方形。

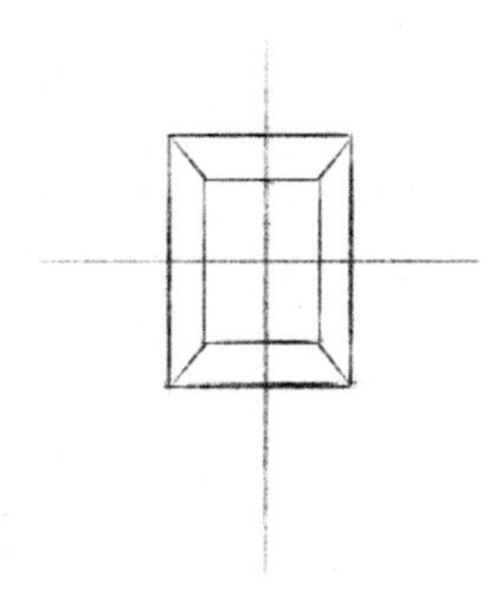

3 连接小长方形与大长方形的顶点。

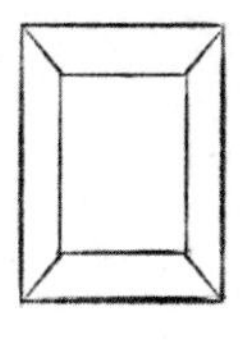

4 用勾线笔把宝石结构重新勾勒一遍，擦除所有辅助线，即可完成绘制。

宝石彩色效果图绘制技法

6.1 素面宝石的明暗关系

通透型素面宝石和不通透型素面宝石在明暗关系上有一些差异，这取决于宝石的透明度和光线的折射与反射。假设光线从左上角以 45° 射入，下面分别讲解两种素面宝石的明暗关系。

通透型素面宝石

光线从左上方照到通透型素面宝石上时，入射一侧的表面会发生反射，呈现明亮的高光区域。剩余的光线透过宝石，在内部发生折射，在中间位置呈现亮面。之后在右下角出射位置发生反射和折射，呈现反光面。宝石的边缘和轮廓通常会有一定的明暗交界处，表现出渐变效果。

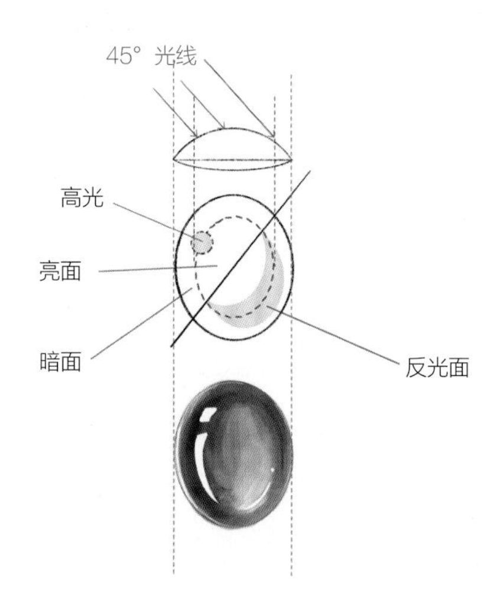

通透型素面宝石明暗关系

不通透型素面宝石

光线从左上方照到不通透型素面宝石上时，入射一侧的表面会发生反射，呈现明亮的高光区域，这个高光区域会根据光线的入射角和宝石表面的平滑程度而变化。由于光线不能穿透不通透型素面宝石，因此宝石内不会出现明亮的折射区域。在光线没有直接照射到的区域，宝石会呈现出阴影，亮面和暗面间形成较明显的明暗交界线，这个区域的颜色是最深的。

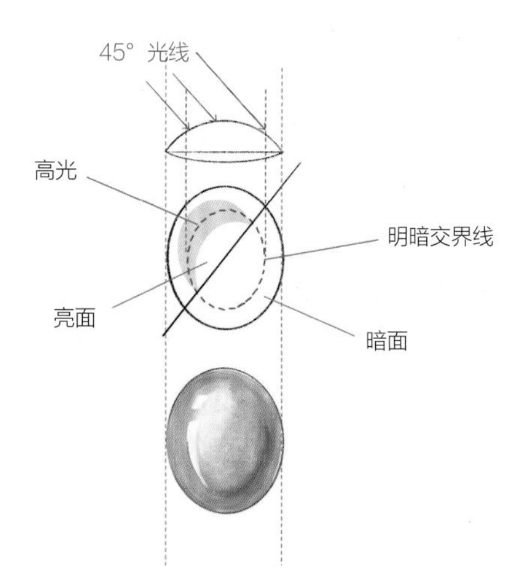

不通透型素面宝石明暗关系

无论是通透型还是不通透型素面宝石，都需要注意光线的入射角和光的折射与反射效果，来表现宝石的明暗关系和质感。这些技巧可以让你的画作更加真实和生动。

6.2 通透型素面宝石彩色效果图绘制技法

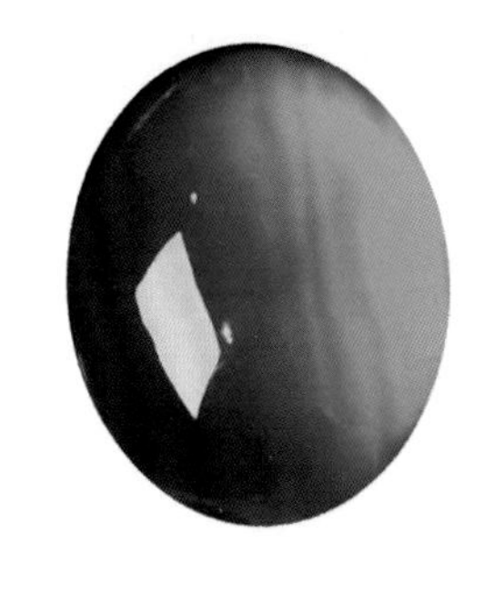

翡翠

翡翠（Jadeite）被誉为"玉中之王"，在国风珠宝设计中，翡翠是一种常用的名贵宝石。翡翠颜色丰富，有绿色、红色、紫色、黑色、黄色等，本例讲解绿色浓郁的帝王绿翡翠的画法。

象牙黑　中国白　永固浅绿　柠檬黄　普鲁士蓝

绘制步骤

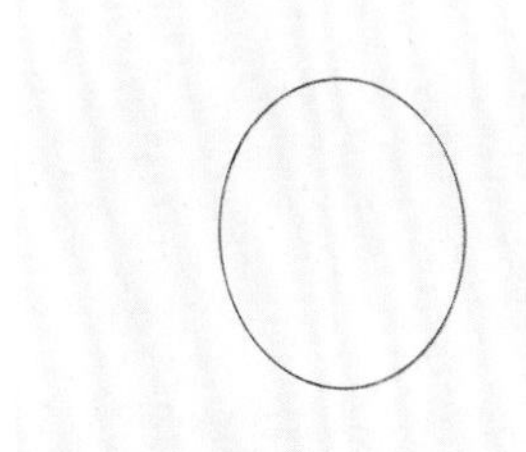

1 用自动铅笔借助宝石模板尺绘制一个椭圆形。

2 用永固浅绿加中国白加普鲁士蓝调和出一个绿色，画出翡翠底色。

3 用永固浅绿加象牙黑调出一个深绿色，从宝石左上角顺椭圆弧度向下绘制暗部区域。用永固浅绿加柠檬黄加中国白调和出翠绿色，在宝石右下角顺椭圆弧度绘制反光区域。

4 用深绿色在暗部区域顺椭圆弧度叠加上色，使颜色自然过渡。

5 最后用勾线笔取中国白绘制翡翠的高光，即可完成绘制。

星光红宝石

星光红宝石（Star Ruby）是红宝石中的一个特殊品种，具有"星光效应"，在光线照射下，会反射出如同星光般的白色光带，给人以璀璨夺目的感觉。

中国白	象牙黑	朱红色	柠檬黄	浅红	深红	普鲁士蓝

绘制步骤

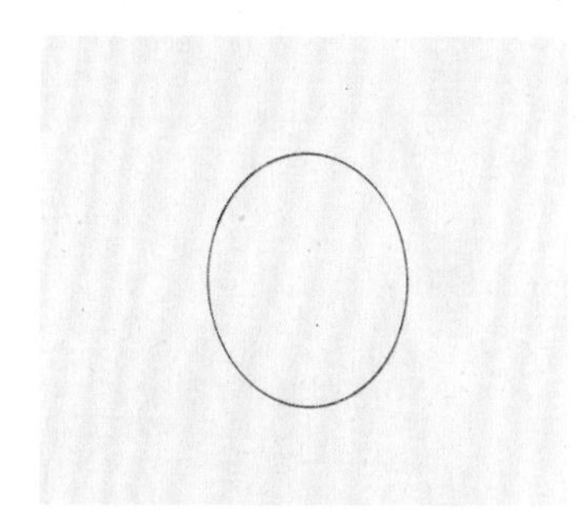

1 用自动铅笔借助宝石模板尺绘制一个椭圆形。

2 用浅红色与朱红色调和，轻铺一层底色。

3 用朱红加普鲁士蓝和象牙黑调和，叠加绘制暗部区域。用朱红色加中国白调和，绘制亮面区域。

4 用朱红色加柠檬黄和中国白调和，进一步强化亮面区域。

5 用朱红色和中国白调和，绘制宝石的反光区。

6 最后用细勾线笔取中国白与少许朱红色调和，沿红宝石弧度在中间绘制出星光状白色反射光带和圆点状高光，即可完成绘制。

星光蓝宝石

星光蓝宝石（Star Sapphire）是蓝宝石中的一个特殊品种，与星光红宝石一样，也具有“星光效应”，在受到光线照射时，会形成独特的星状光芒，如星星闪耀在夜空。

中国白　象牙黑　普鲁士蓝　深群青　钴蓝色

绘制步骤

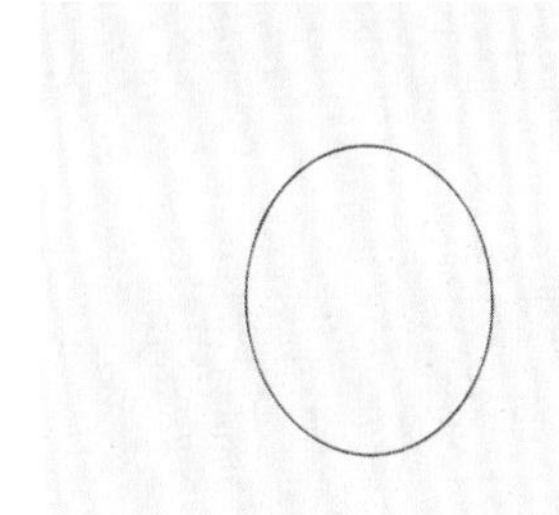

1 用自动铅笔借助宝石模板尺绘制一个椭圆形。

2 用普鲁士蓝与深群青调和，轻铺一层底色。用普鲁士蓝加象牙黑调和，从左上角沿宝石弧度向下绘制暗部区域。

3 用钴蓝色在左上角和右下角绘制宝石反光。

4 用钴蓝色加中国白调和，进一步绘制宝石反光，增强反光感。

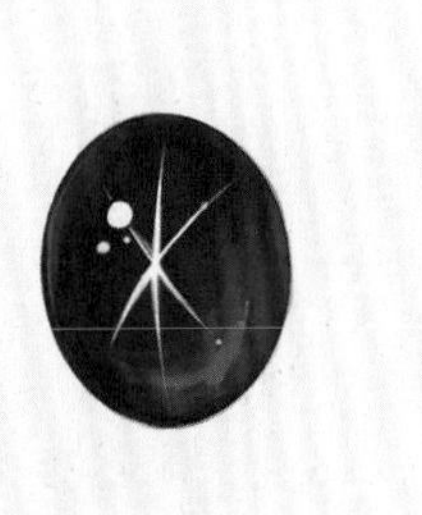

5 最后用勾线笔取中国白和少许钴蓝色调和，沿蓝宝石弧度绘制出星光状白色反射光带和圆点状高光，即可完成绘制。

猫眼石

猫眼石（Cat's eye）是具有“猫眼效应”的金绿宝石，在光线照射下，会呈现出一道垂直的光斑，且这道光斑能够随着光线的强弱而变化，看起来如同猫的眼睛般灵活明亮。

中国白	象牙黑	熟褐	永固深黄	柠檬黄

绘制步骤

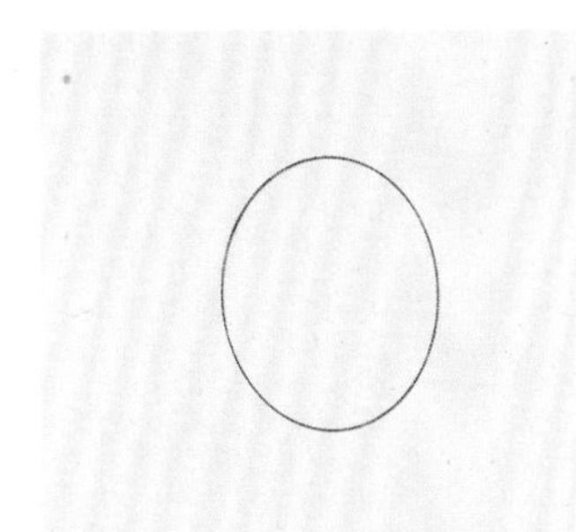

1 用自动铅笔借助宝石模板尺绘制一个椭圆形。

2 用永固深黄轻铺一层底色。

3 用永固深黄加熟褐调和，绘制暗部区域。

4 进一步细化，叠加永固深黄与柠檬黄调和成的颜色，丰富猫眼石的颜色。

5 用柠檬黄与中国白调和，绘制出猫眼效应的光斑。

6 最后用勾线笔取中国白画上猫眼石的高光位，即可完成绘制。

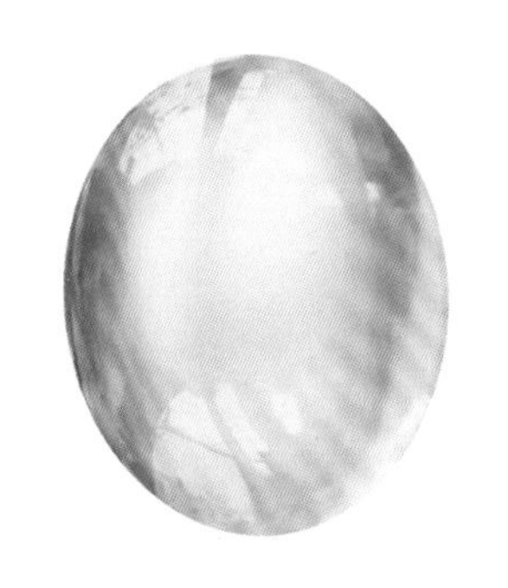

月光石

月光石（Moonstone）是一种神秘而美丽的宝石，它具有“月光效应”，当受到光线照射时，表面会产生白色至淡蓝色的浮光，仿佛柔和的月光在石上荡漾。月光石的历史悠久，明代诗人王恭曾写下“青光淡淡如秋月，谁信寒色出石中”的诗句赞美它。

中国白　普鲁士蓝　天蓝色

绘制步骤

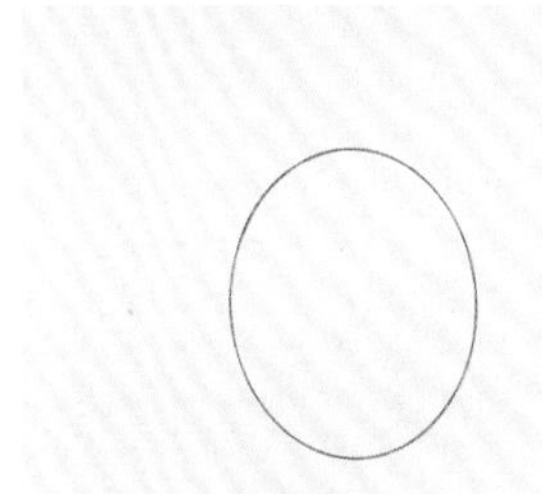

1 用自动铅笔借助宝石模板尺绘制一个椭圆形。

2 用普鲁士蓝加少量中国白调和，铺一层底色。

3 在宝石亮面用中国白铺一层颜色，并晕染开。

4 用天蓝色丰富月光石暗部色彩，并用中国白在亮面区域进一步叠加晕染。

5 最后用勾线笔取中国白画出月光石的高光，即可完成绘制。

6.3 不通透型素面宝石彩色效果图绘制技法

欧泊

欧泊，英文名称为 Opal，源于拉丁文 Opalus，意思是“集宝石之美于一身”。欧泊是一种具有变彩效应的宝石，外观色彩斑斓、光彩夺目，可出现各种体色，其中白色体色的可称为白欧泊，黑、深灰、蓝、绿、棕色体色的可称为黑欧泊，橙、橙红、红色体色的可称为火欧泊。本例讲解黑欧泊的绘画技法。

中国白　象牙黑　钴蓝色　普鲁士蓝　永固浅绿　铬绿色　亮黄

绘制步骤

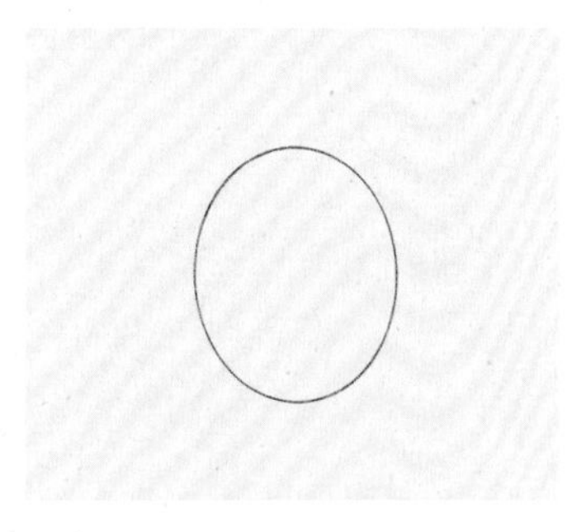

1 用自动铅笔借助宝石模板尺绘制一个椭圆形。

2 根据黑欧泊变彩效应，用象牙黑、钴蓝色、普鲁士蓝、永固浅绿、铬绿色、亮黄绘制不同大小的色块。

3 继续用上一步的颜色丰富宝石色彩，直至完成欧泊宝石的体色与变彩颜色的绘制。

4 最后用勾线笔取中国白绘制欧泊的高光，即可完成绘制。

和田白玉

和田白玉（Nephrite），矿物名称为软玉，又称"中国玉"，主要产于新疆和田。颜色呈脂白色，可稍泛淡青色、乳黄色，质地细腻温润，油脂性好。

中国白　象牙黑

绘制步骤

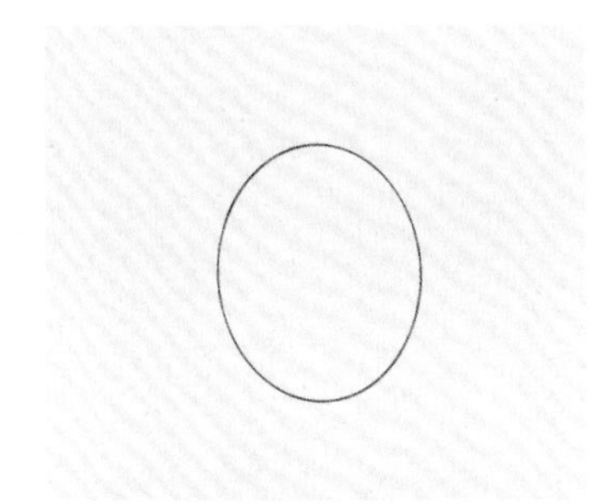

1 用自动铅笔借助宝石模板尺绘制一个椭圆形。

2 用象牙黑加少量中国白调和，铺一层底色。

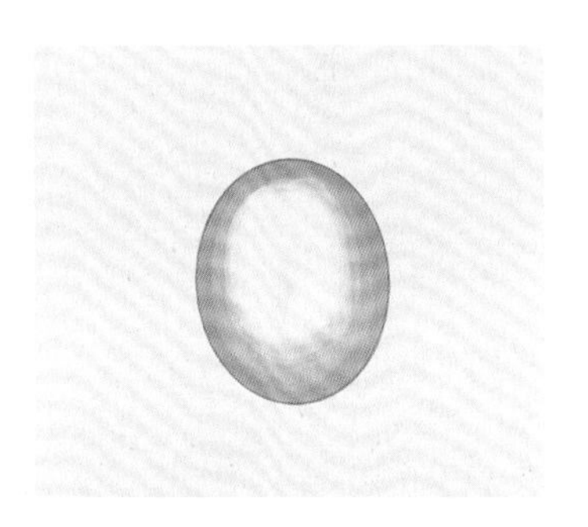

3 在亮面用中国白铺一层颜色，并将其晕染开。

4 用中国白在反光面轻铺一层颜色。

5 最后用勾线笔取中国白绘制和田白玉的高光，即可完成绘制。

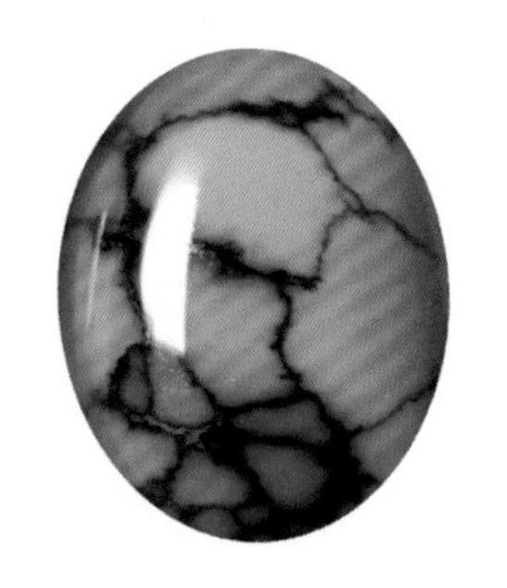

绿松石

绿松石（Turquoise）是一种历史悠久、充满神秘色彩的宝石，自古以来，绿松石就被视为“吉祥之石”“幸运之石”。绿松石通常呈现出浓郁的蓝绿色，根据其表面有无纹理，可分为铁线绿松石和素色绿松石。本例展示铁线绿松石的画法。

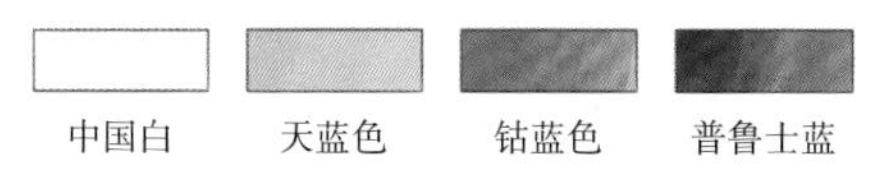

绘制步骤

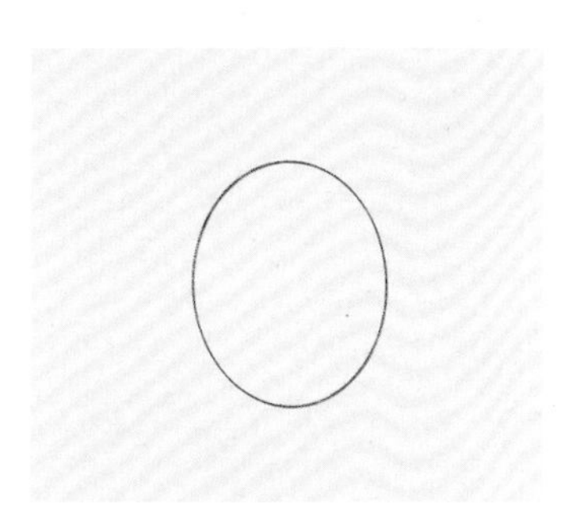

1 用自动铅笔借助宝石模板尺绘制一个椭圆形。

2 用天蓝色和钴蓝色调和，轻铺一层底色。

3 在宝石中央偏左用中国白画出亮面。

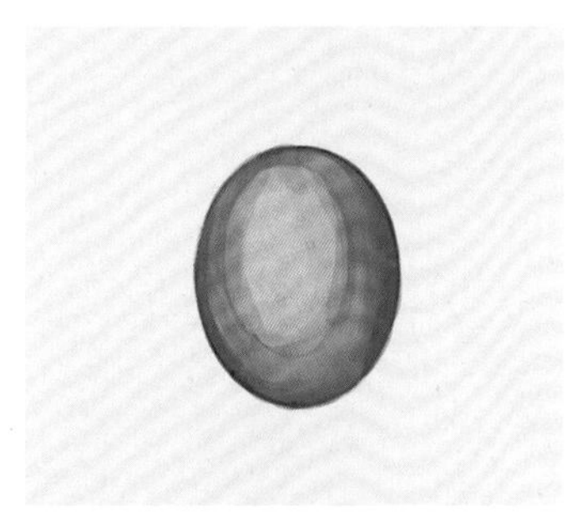

4 在中国白基础上加入天蓝色调和晕染，让颜色过渡自然。

5 用象牙黑加普鲁士蓝调和，绘制绿松石上的铁线。

6 最后用勾线笔取中国白沿绿松石弧度绘制高光，即可完成绘制。

青金石

青金石（Lapis Lazuli）是一种古老而神秘的宝石，呈现出深蓝色中带有金色闪光的独特色彩，因其色相如天，被誉为“天空之石”“帝王之石”。在国风珠宝设计中，青金石是一种常见的材质，计师善于利用青金石的深邃色彩，赋予珠宝历史感和文化内涵。

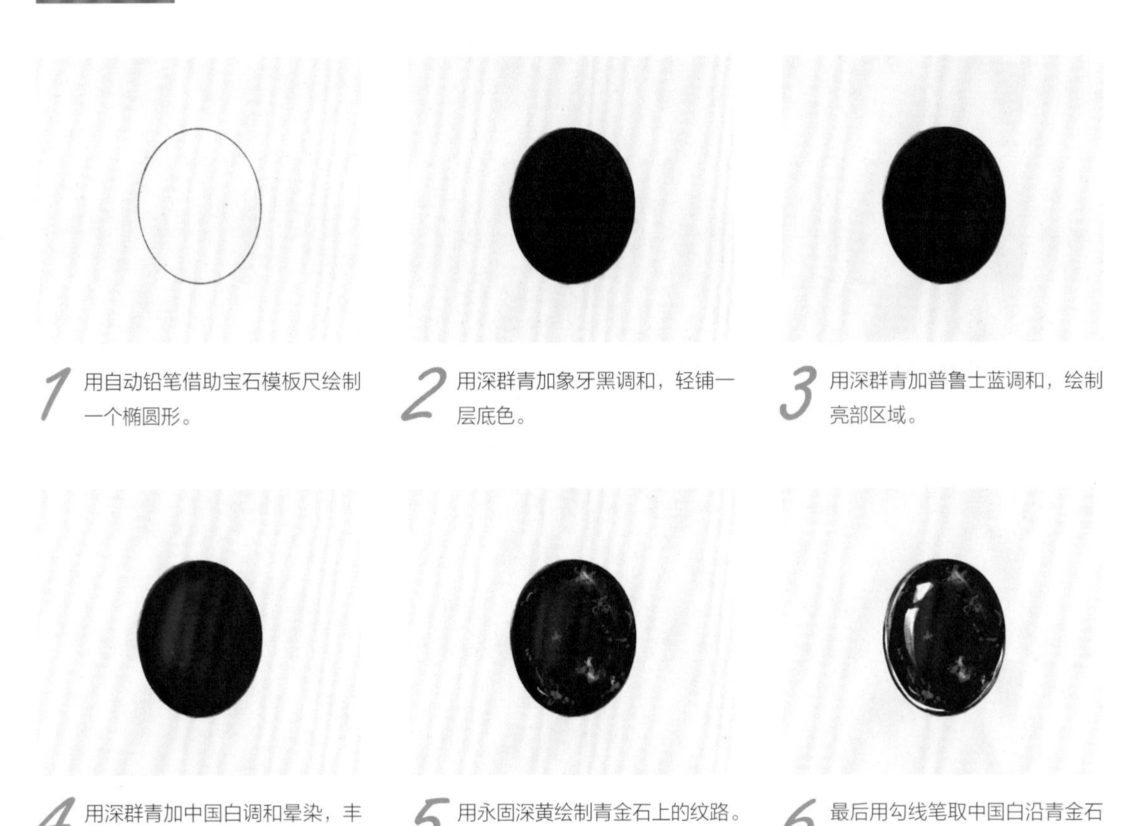

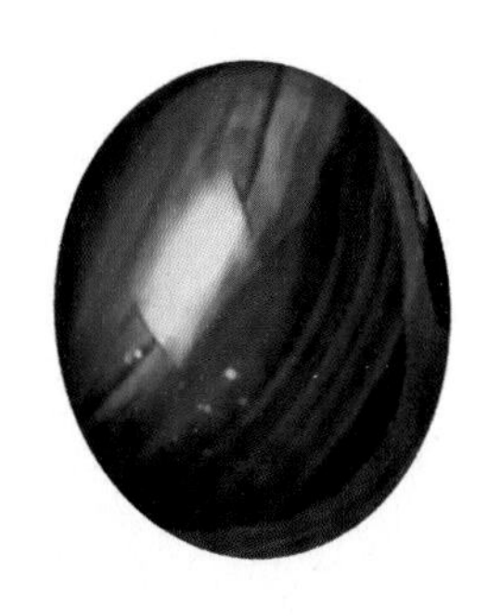

孔雀石

孔雀石（Malachite）的颜色通常呈深浅不一的绿色，因其颜色酷似孔雀羽毛而得名。孔雀石的纹理和色彩变化丰富，使得每一块孔雀石都成为了独一无二的艺术品。

中国白　象牙黑　永固深绿　铬绿色

绘制步骤

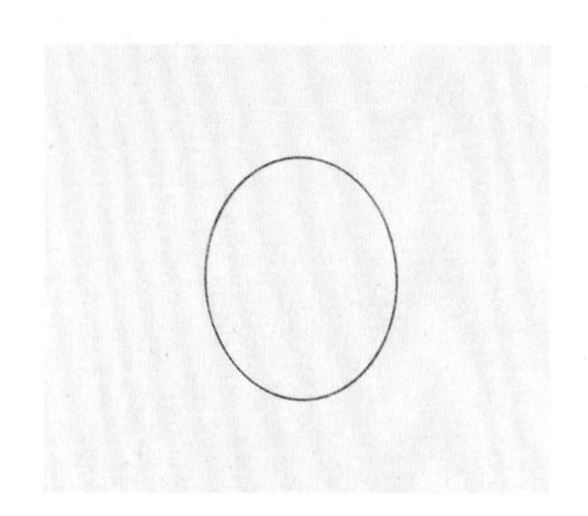

1 用自动铅笔借助宝石模板尺绘制一个椭圆形。

2 用永固深绿和象牙黑调和，轻铺一层底色。

3 用铬绿色加中国白调和，绘制出孔雀石的纹路。

4 进一步细化纹理，增强层次感。

5 最后用勾线笔取中国白沿孔雀石弧度绘制高光，即可完成绘制。

珍珠

珍珠（Pearl）属于有机宝石，有着丰富的颜色，如白色、淡黄色、深黄色、粉色、银白色、黑色等。它的外表光滑细腻，如同润泽的明珠，因此得名"珍珠"。珍珠是世界上唯一一种不需要经过切割和打磨的宝石，自然形成的外观已经足够美丽。

中国白　象牙黑　深红　天蓝色

绘制步骤

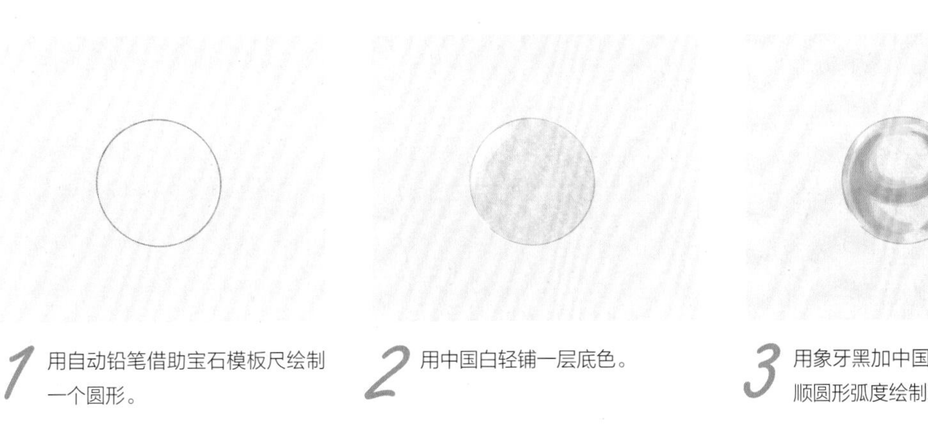

1 用自动铅笔借助宝石模板尺绘制一个圆形。

2 用中国白轻铺一层底色。

3 用象牙黑加中国白调和成灰色，顺圆形弧度绘制珍珠暗部区域。

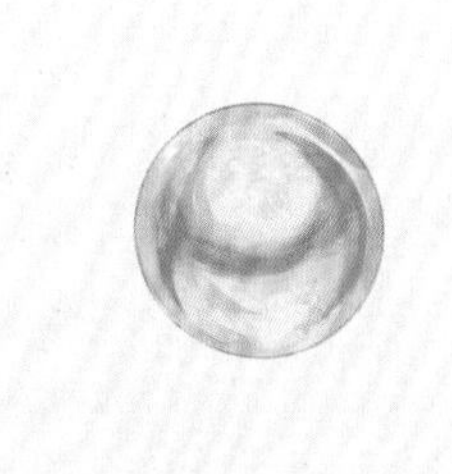

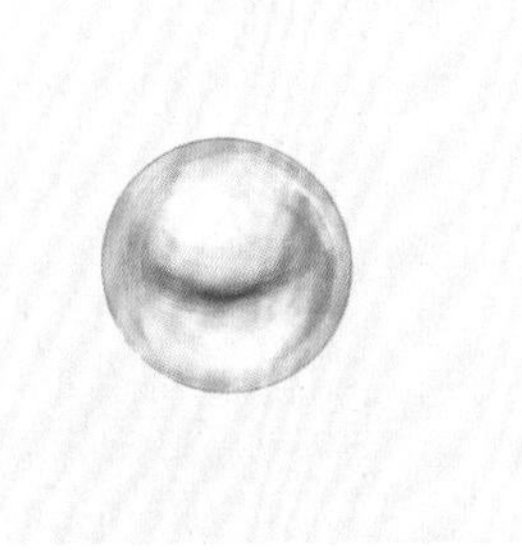

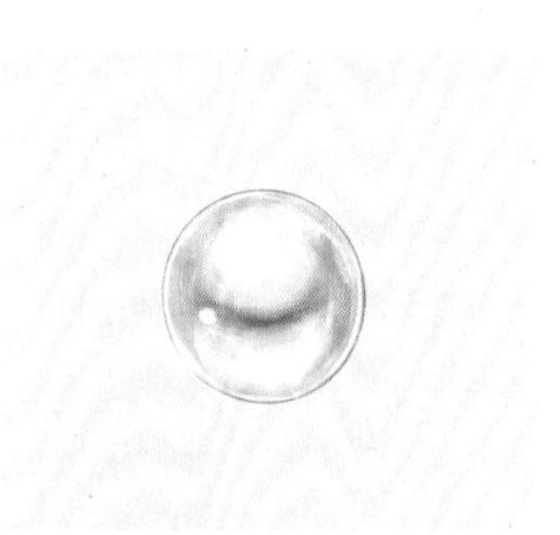

4 用深红色加中国白调和成粉色，与天蓝色一起顺圆形弧度绘制珍珠的晕彩。

5 用中国白在珍珠亮面区域上色，并用象牙黑加深中间半弧，然后将其晕染开来，表现出明暗交界线。

6 最后用勾线笔取中国白绘制珍珠的高光，即可完成绘制。

6.4 刻面宝石的明暗关系

刻面宝石是经过人工切割的宝石，绘制刻面宝石时，需要注意光线的入射方向、刻面的形状和切割角度，以及宝石的透明度和反射率。可以通过描绘高光区域和反射光的彩虹效果来表现刻面宝石的明亮和闪耀，同时在阴影区域添加适度的阴影效果，以增强宝石的立体感和真实感。注意刻面的形状和角度对明暗关系的影响，将有助于刻画宝石的立体感和细节，从而绘制出栩栩如生的刻面宝石。

假设光线从左上角以 45° 射入，则刻面宝石的明暗关系如下图所示。

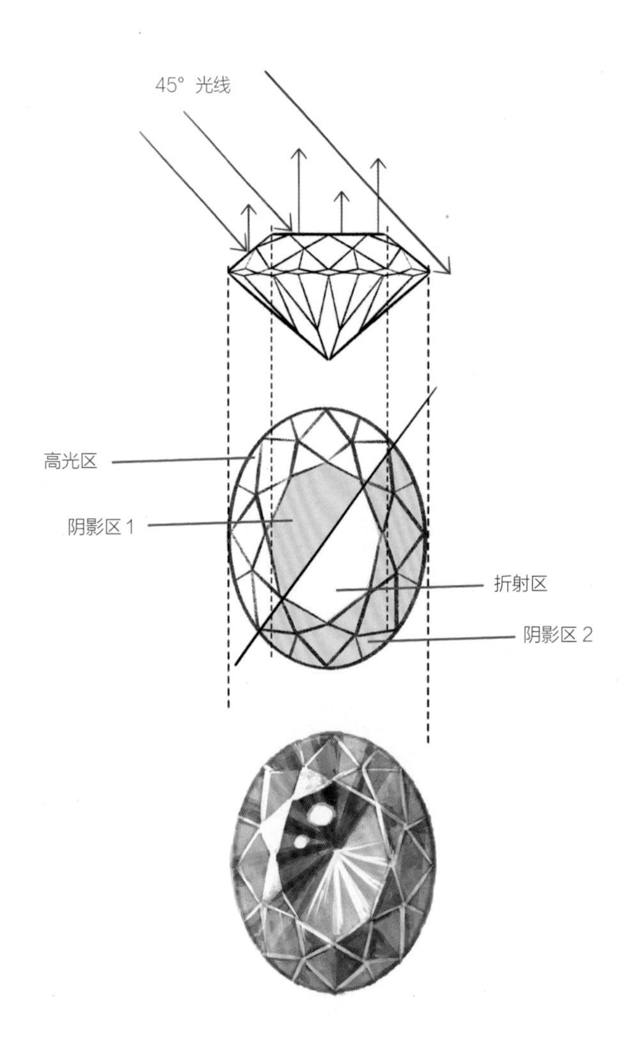

高光区：位于光线入射侧的刻面表面会反射光线，形成高光区域。
折射区：射入刻面宝石内部的光线会被刻面折射，形成闪耀的折射区。
阴影区：刻面宝石上光线未照射到的位置会出现阴影区。

6.5 刻面宝石彩色效果图绘制技法

红宝石

红宝石（Ruby）与蓝宝石、祖母绿、钻石、猫眼石并称“世界五大宝石”，其颜色从粉红到深红不等，其中最珍贵的是鲜艳的“鸽血红”。

中国白　象牙黑　浅红　朱红色

绘制步骤

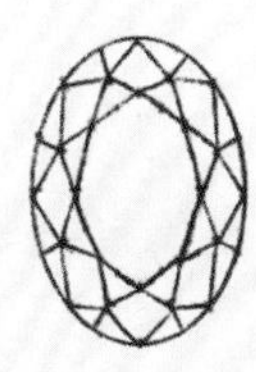

1 用自动铅笔绘制一个椭圆形刻面宝石线稿，绘制方法见第 5 章。

2 用浅红色轻铺一层底色（注意不要覆盖宝石刻面线，下同）。

3 用浅红色加象牙黑调和，在宝石暗部整体叠加一层颜色。

4 用浅红色加象牙黑调和，将宝石暗部区域分割填色；用朱红色与中国白调和，绘制宝石亮面区域（注意根据宝石受光面，依照亮暗面交替的原则上色）。

5 最后用勾线笔取中国白绘制高光区域（台面左上角两三个星刻面以及台面），再重新描绘刻面棱线，即可完成绘制。

蓝宝石

蓝宝石（Sapphire）是以蓝色为主色调的刚玉，按蓝色的深浅可分为浅、中、浓、艳、深 5 个等级。蓝宝石常与钻石、白金等贵重材质搭配，营造出高雅华丽的氛围。

中国白　象牙黑　普鲁士蓝　钴蓝色

绘制步骤

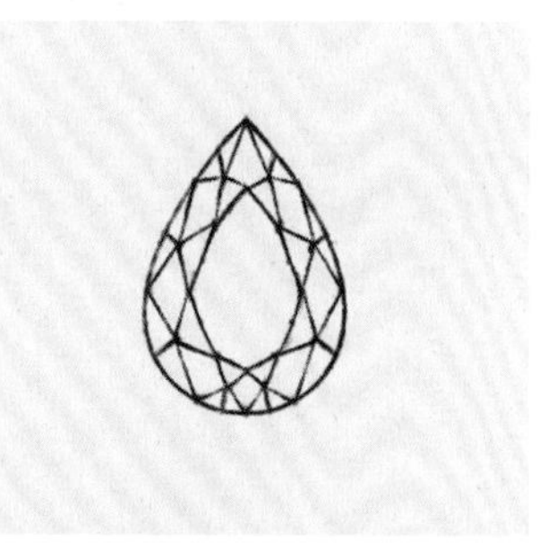

1 用自动铅笔绘制一个水滴形刻面宝石线稿，绘制方法见第 5 章。

2 用普鲁士蓝轻铺一层底色。

3 用普鲁士蓝与象牙黑调和，在暗部区域整体叠加一层颜色。

4 用普鲁士蓝加象牙黑调和，将宝石暗部区域分割填色；用钴蓝色加中国白调和，绘制宝石亮面区域（注意根据宝石受光面，依照亮暗面交替的原则上色）。

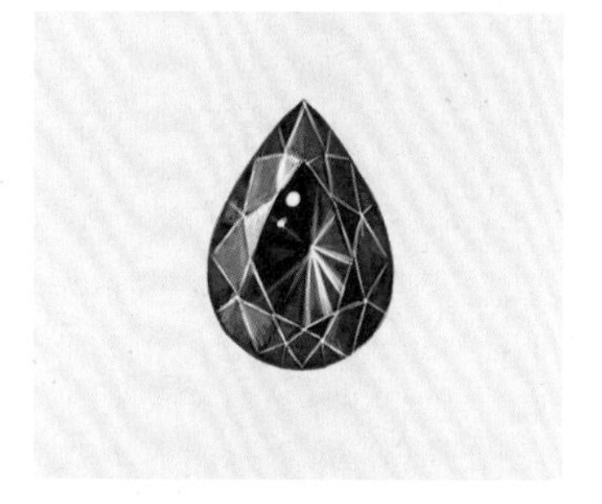

5 最后用勾线笔取中国白绘制高光区域（台面左上角两个星刻面以及台面），再重新描绘刻面棱线，即可完成绘制。

祖母绿

祖母绿（Emerald）被称为“绿宝石之王”，在宝石市场上，祖母绿的地位显赫，尤其是那些色彩饱满、透明度高的宝石。

中国白　象牙黑　永固深绿　永固浅绿

绘制步骤

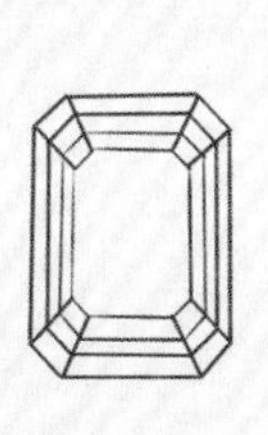

1 用自动铅笔绘制一个祖母绿形刻面宝石线稿，绘制方法见第 5 章。

2 用永固深绿加永固浅绿调和，轻铺一层底色。

3 在底色基础上再加入少量象牙黑调和，在暗部区域整体叠加一层颜色。

4 用永固深绿加中国白调和，绘制宝石亮面区域（注意根据宝石受光面来确定亮暗面的分配）。

5 最后用勾线笔取中国白绘制高光区域，并重新勾勒宝石结构，完成绘制。

无色钻石

钻石（Diamond）莫氏硬度为 10，是硬度最高的宝石，被誉为“宝石之王”。无色钻石是钻石中最常见的，其外观晶莹剔透，经切割后光芒四射，在珠宝设计中应用广泛。

中国白　象牙黑

绘制步骤

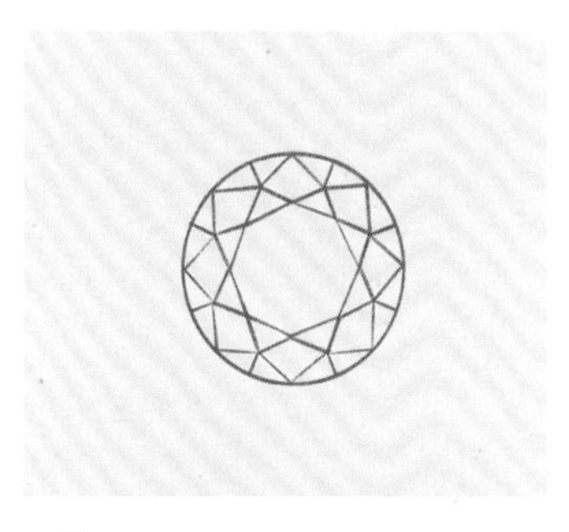

1 用自动铅笔绘制一个圆形明亮式切割刻面宝石线稿，绘制方法见第 5 章。

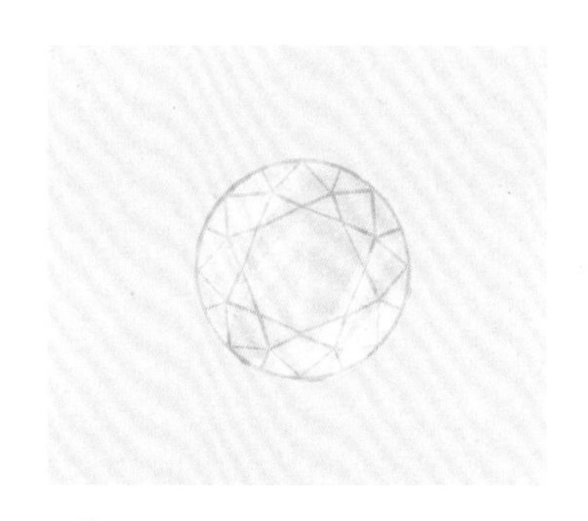

2 用中国白轻铺一层底色。

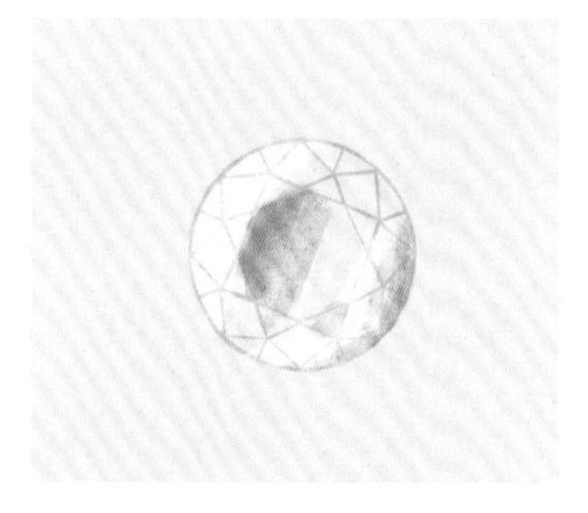

3 用象牙黑加中国白调和出灰色，在暗部整体叠加一层颜色。

4 用象牙黑加中国白按不同比例调和成深灰和浅灰，将宝石暗部区域分割填色（注意根据宝石受光面来确定亮暗面的分配）。

5 最后用勾线笔取中国白绘制高光区域（台面左上角两三个星刻面以及台面），再重新描绘刻面棱线，即可完成绘制。

黄钻

黄钻（Yellow Diamond）又称金钻，是彩色钻石的一种，根据其色彩饱和度可分为浅黄（Fancy Light Yellow）、黄（Fancy Yellow）、浓黄（Fancy Intense Yellow）、鲜黄（Fancy Vivid Yellow）等。

中国白　柠檬黄　黄赭

绘制步骤

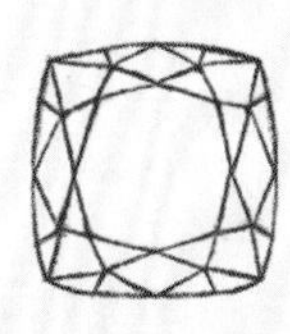

1 用自动铅笔绘制一个垫形刻面宝石线稿，绘制方法见第 5 章。

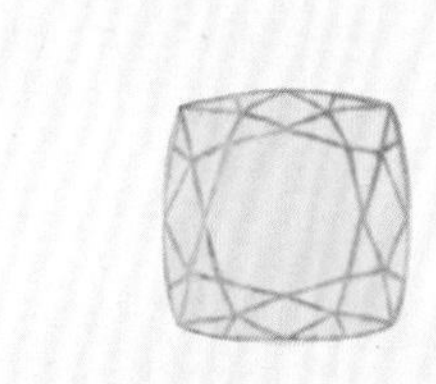

2 用柠檬黄加少许中国白调和，轻铺一层底色。

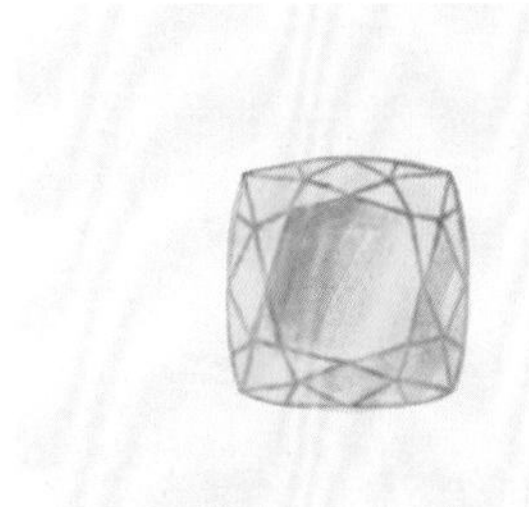

3 用黄赭与中国白调和，在暗部整体叠加一层颜色。

4 用黄赭加中国白调和，绘制宝石暗部区域；用柠檬黄加中国白调和，绘制亮面区域（注意根据宝石受光面来确定亮暗面的分配）。

5 最后用勾线笔取中国白绘制高光区域（台面左上角两三个星刻面以及台面），再重新描绘刻面棱线，即可完成绘制。

帕拉伊巴碧玺

帕拉伊巴碧玺（Paraiba Tourmaline）是一种珍贵而稀有的宝石，被誉为“碧玺之王”。帕拉伊巴碧玺最显著的特点是其迷人的蓝绿色调，这种鲜艳明亮的颜色，令人联想到巴西热带海洋清澈的海水和蔚蓝的天空。

中国白　象牙黑　天蓝色　钴蓝色　铬绿色

绘制步骤

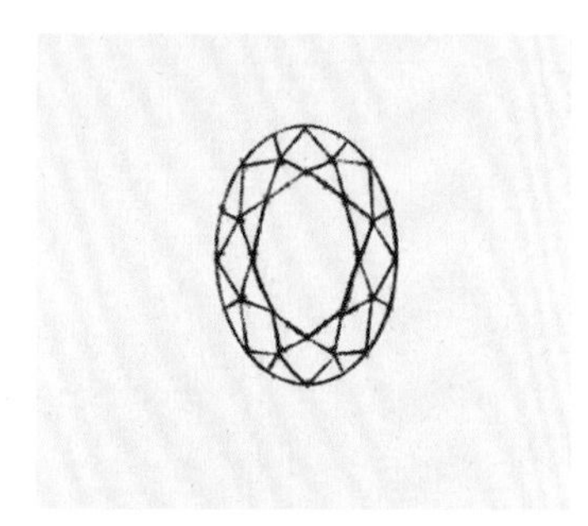

1 用自动铅笔绘制一个椭圆形刻面宝石线稿，绘制方法见第 5 章。

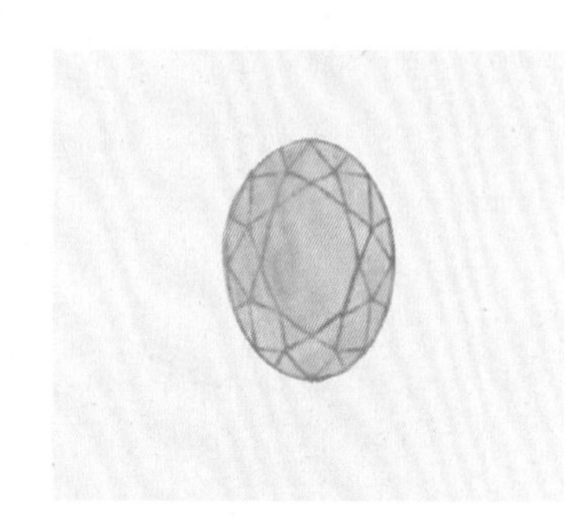

2 用天蓝色轻铺一层底色。

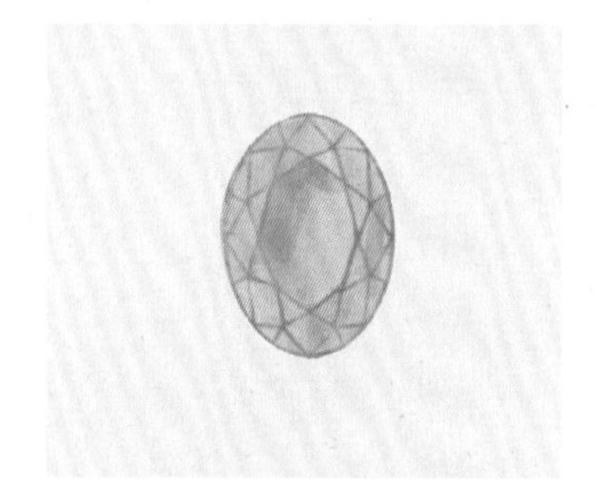

3 用钴蓝色与天蓝色调和，在暗部整体叠加一层颜色。

4 用铬绿色加天蓝色调和，将暗部区域分割填色；用天蓝色加中国白调和，绘制宝石亮面（注意根据宝石受光面，依照亮暗面交替的原则上色）。

5 最后用勾线笔取中国白绘制高光区域（台面左上角两三个星刻面以及台面），再重新描绘刻面棱线，即可完成绘制。

6.6 国风珠宝常用宝石彩色效果图绘制技法

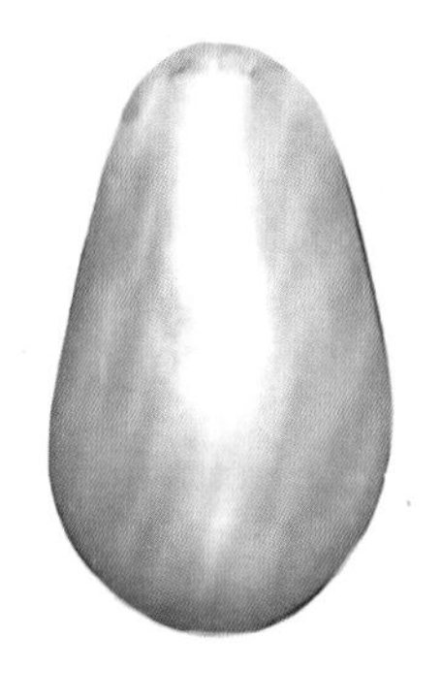

异形珍珠

异形珍珠也叫巴洛克珍珠，英文名称为 Baroque pearl，是指在形态上完全没有规律可循的一类珍珠。它的不规则形状和独特风格能为珠宝作品带来独特的个性和艺术感，用于国风珠宝设计能为传统文化和现代时尚的结合带来新的可能。

中国白　象牙黑　永固深绿　铬绿色　深群青

绘制步骤

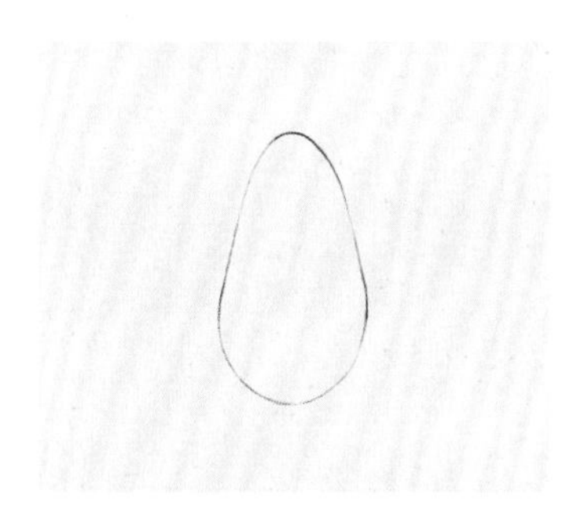

1 在卡纸上绘制异形珍珠的外形。

2 用中国白平铺底色。再用象牙黑加中国白加永固深绿调和，绘制暗部区域。

3 用深群青加象牙黑加中国白调和，叠加一层暗部区域。

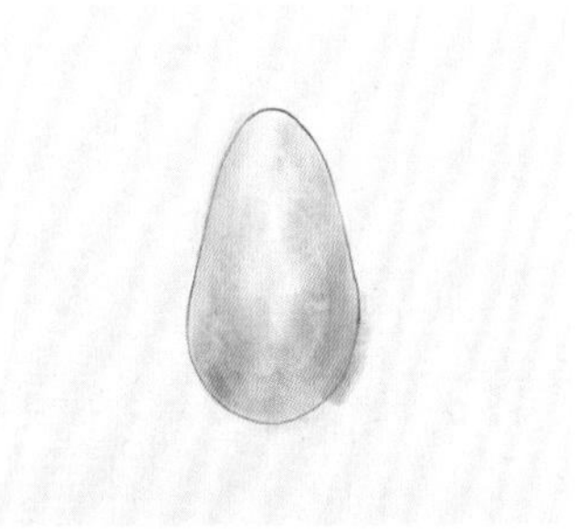

4 用铬绿色与中国白调和，绘制珍珠的晕彩。

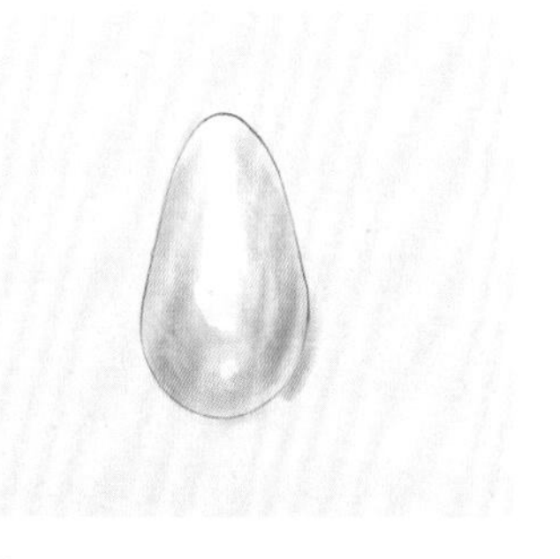

5 用中国白绘制出高光区域，即可完成绘制。

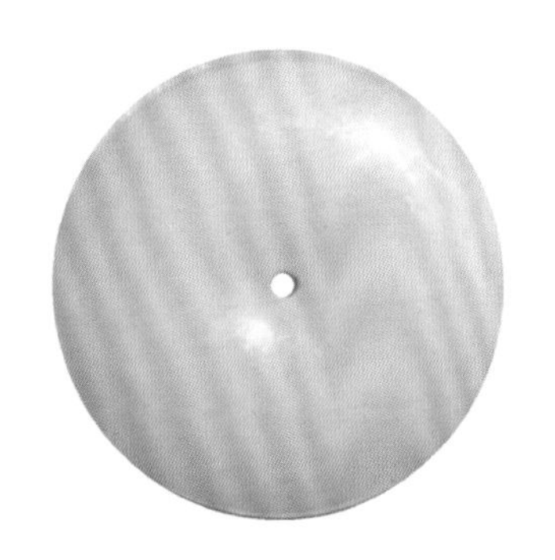

和田玉平安扣

和田玉平安扣是一种中国传统的玉饰品，外形圆润饱满，是国风珠宝设计中常用的宝石，有着驱邪免灾、出入平安的寓意。

中国白　象牙黑

绘制步骤

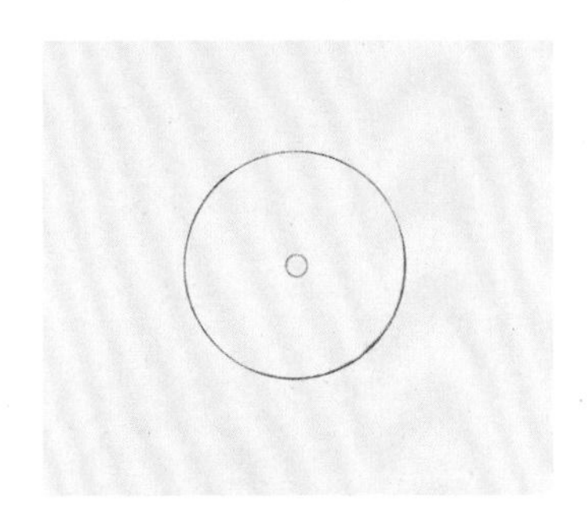

1 在卡纸上绘制平安扣的外形。

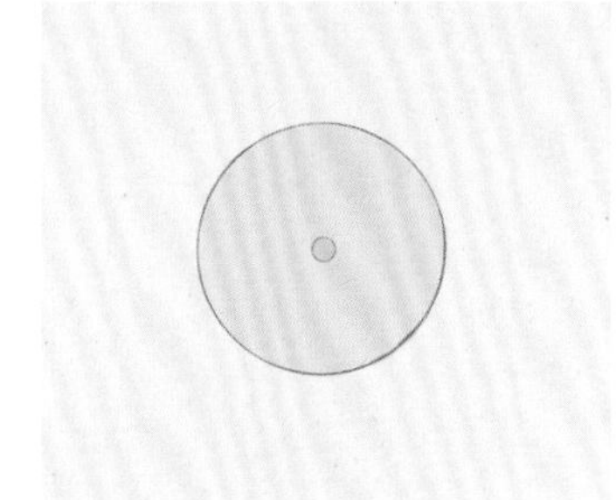

2 用中国白平铺一层底色。

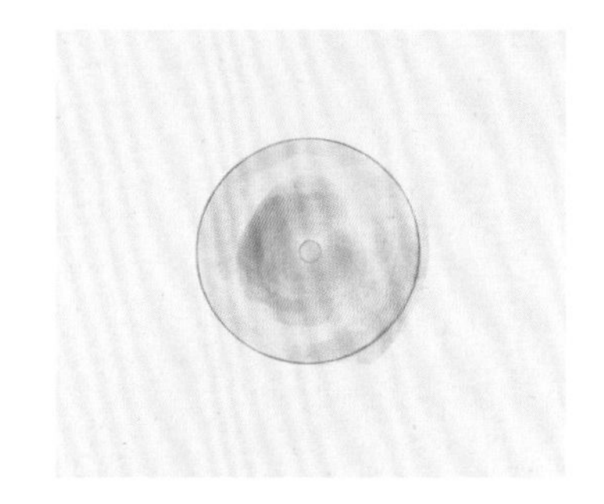

3 用象牙黑与中国白调和，绘制平安扣暗部区域。

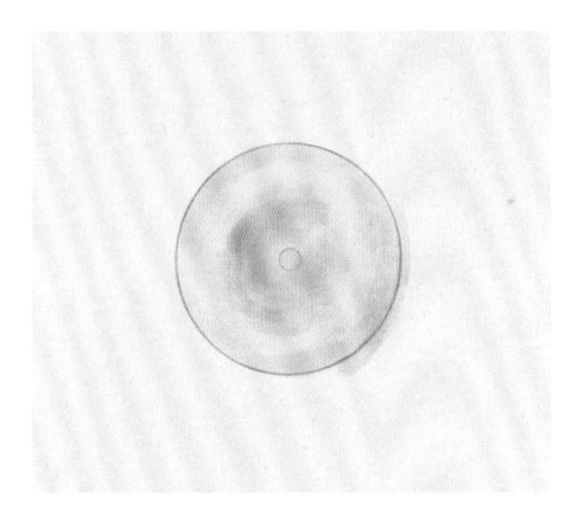

4 用中国白绘制平安扣暗部边缘位置，使颜色自然过渡。

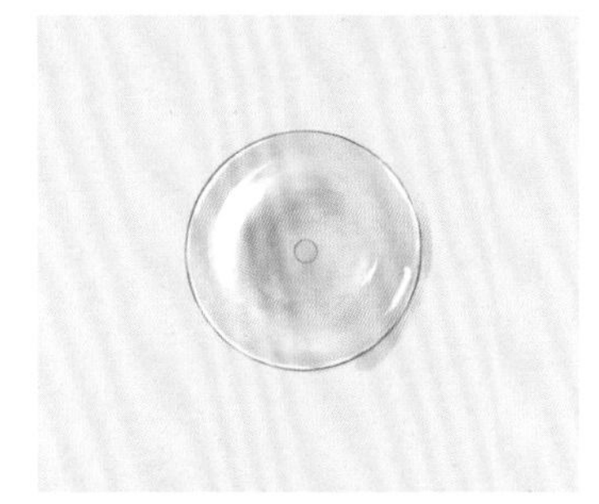

5 用中国白沿平安扣轮廓绘制高光，即可完成绘制。

碧玺寿桃

在我国，"碧玺"这个词语最早出现在清朝，慈禧太后非常喜爱碧玺，因此在慈禧太后时期，碧玺在中国受到了前所未有的重视，清代宫廷首饰中出现了大量碧玺雕刻，一般雕刻成蝙蝠、寿桃，寓意福寿绵绵。本例讲解碧玺寿桃的绘制方法。

中国白　象牙黑　浅红　深红　亮黄　永固浅绿

绘制步骤

1 在卡纸上绘制碧玺寿桃的外形。

2 用浅红色与象牙黑、中国白调和，平铺寿桃底色；用永固浅绿与象牙黑调和，平铺叶片底色。

3 用浅红色和亮黄色、中国白调和，在寿桃底部绘制出亮部区域。

4 用浅红色和中国白、象牙黑调和，绘制出寿桃上的四块反光区域。

5 用浅红色加象牙黑调和，加深寿桃轮廓。用永固浅绿加象牙黑调和，加深叶子轮廓，突出叶脉。

6 用深红与中国白调和，在寿桃上画出高光区域；用中国白画出叶脉以及叶片高光区域，即可完成绘制。

翡翠盘长结

玉石经加工雕琢成为精美的工艺品，称为玉雕。玉雕与烧蓝、花丝镶嵌、点翠、金银错、景泰蓝、錾刻并称我国七大传统珠宝工艺。本例讲解翡翠雕刻的盘长结的绘制方法。

中国白　象牙黑　铬绿色　永固浅绿　柠檬黄

绘制步骤

1 在卡纸上绘制盘长结的外形。

2 用大量中国白与少量铬绿色调和，平铺底色。

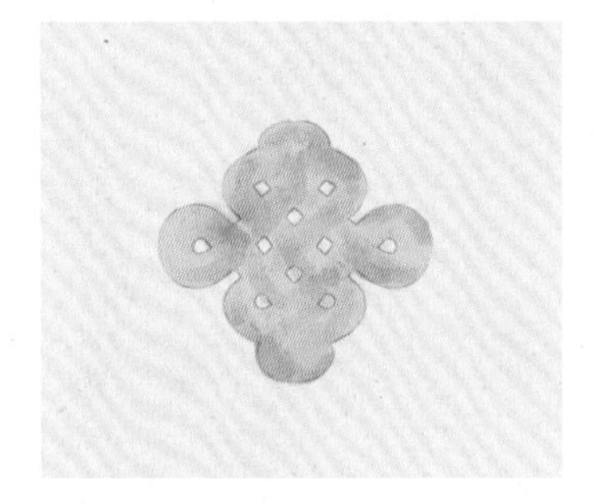

3 用永固浅绿和铬绿色调和，轻轻地在翡翠飘花位置铺一层色。

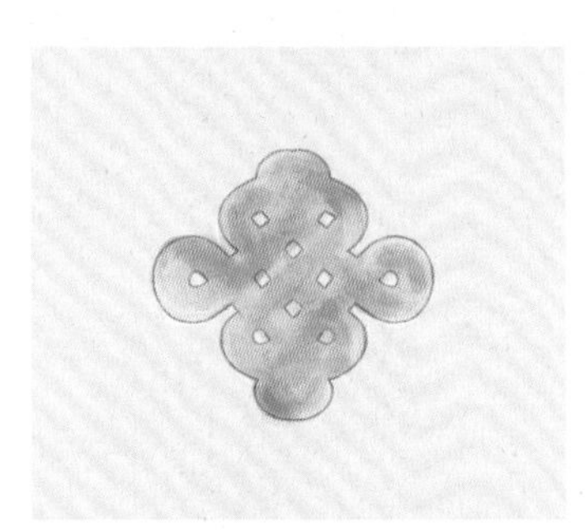

4 用永固浅绿加少量黑色调和，绘制最深区域，用铬绿色加柠檬黄再加入大量中国白调和，绘制高光区域。作品绘制完成。

7

贵金属彩色效果图绘制技法

7.1 贵金属珠宝手绘基本流程

手绘贵金属（如白金、黄金、玫瑰金等）珠宝涉及细节设计、阴影和高光的添加以及颜色的混合和渲染等多个步骤。以下是贵金属珠宝手绘的基本流程。

（1）设计细节

用铅笔或炭笔在平面纸张上轻轻地画出金属的大致形状和内部的线条细节。此步骤的目标是创建一个精确且详尽的线稿，展示珠宝的所有元素和装饰。画的时候，确保线条清晰、细节完整，以便在上色阶段准确显示珠宝的特点。

（2）颜色调和

选择适当的色彩来调和出金属的色彩。黄金色通常由暖色调的黄色和褐色调和而成；白金色通常由灰色、白色和蓝色调和而成；玫瑰金色通常由粉红色和金色调和而成。

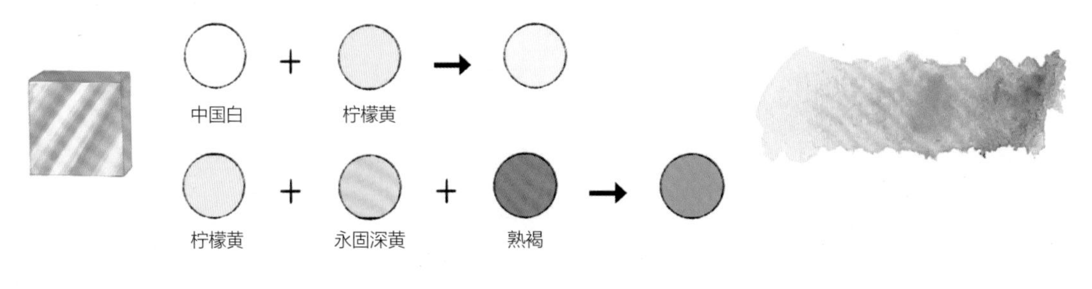

黄金色的调和方法

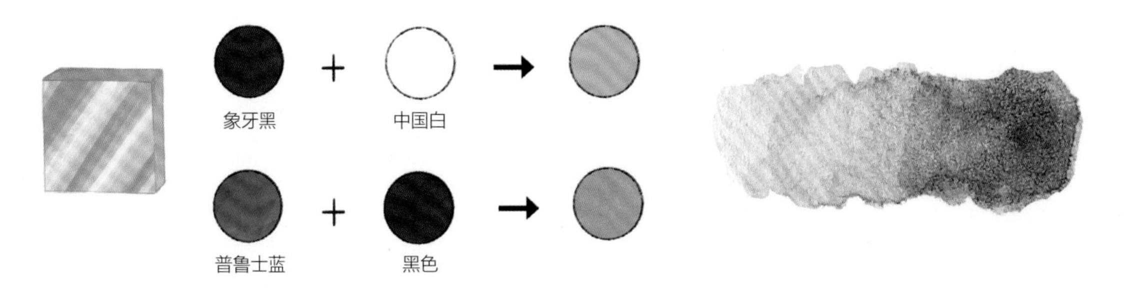

白金色的调和方法

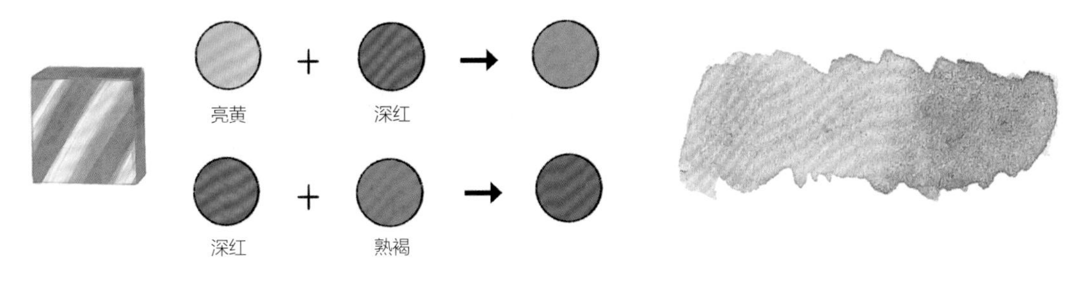

玫瑰金色的调和方法

（3）确定阴影和高光

贵金属珠宝的表现力在很大程度上取决于如何处理光线。金属的特性之一是反射光线，因此需要在设计中添加高光（明亮区域）和阴影（暗部区域）以体现这种效果。金属属于不透光的固体，其高光通常位于金属面向光源的一面，而阴影在相反的一面。

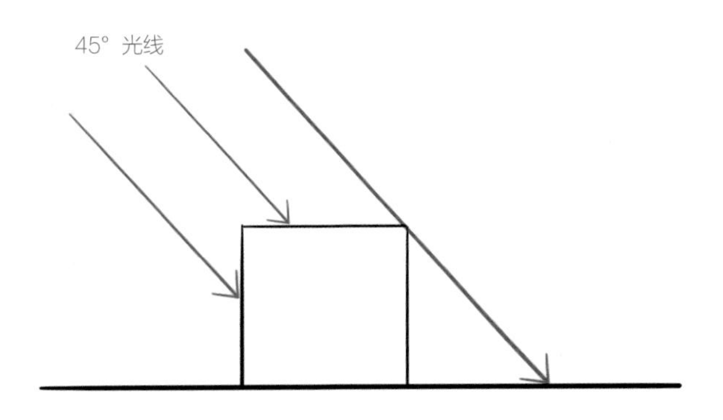

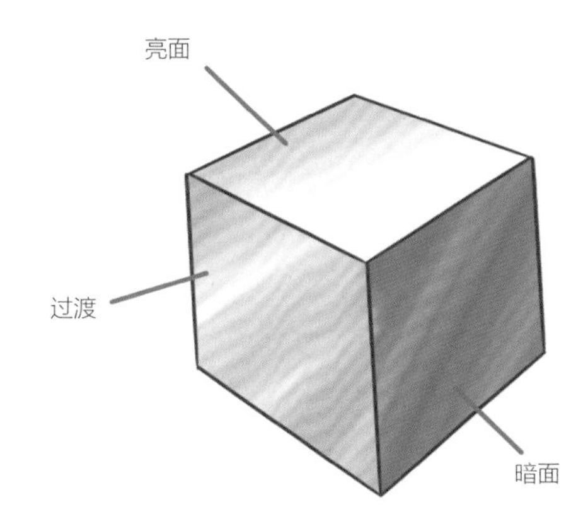

（4）上色

使用调和好的颜色绘制金属本色和因为环境光产生的高光和阴影，呈现出金属质感。

7.2 平面贵金属绘制技法

平面黄金

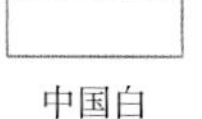
中国白

柠檬黄

永固深黄

熟褐

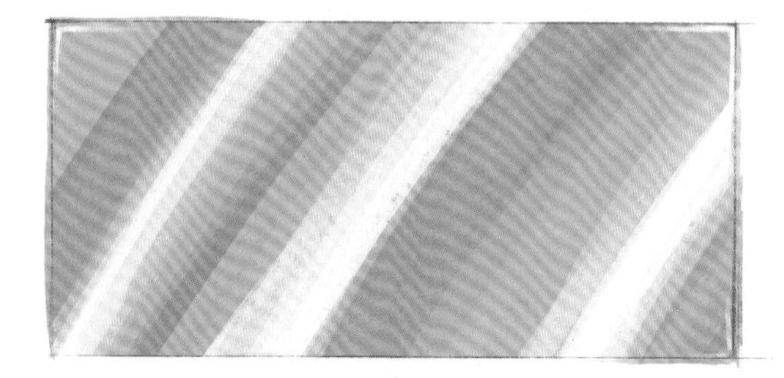
效果图

绘制步骤

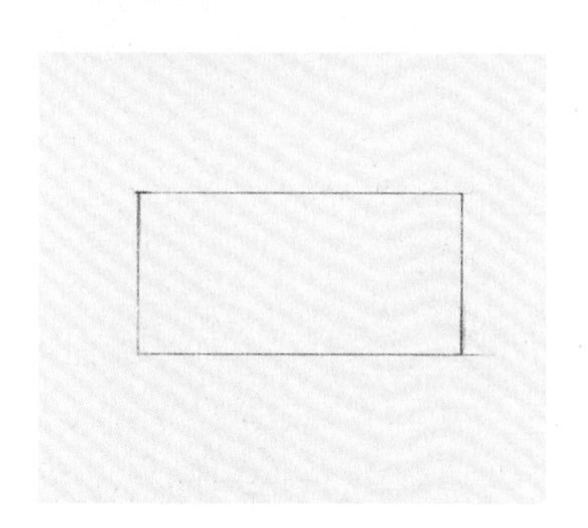

1 用自动铅笔在卡纸上绘制出一块长方形平面金属的轮廓。

2 用永固深黄和柠檬黄调和，平铺黄金的底色。

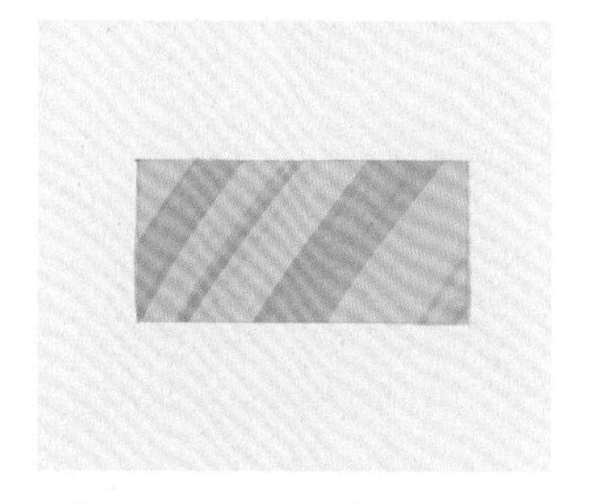

3 用永固深黄加熟褐调和，以倾斜约45° 的平行四边形画出反光。

4 用中国白加少许柠檬黄调和，以倾斜约 45° 的平行四边形平铺在反光旁边，绘制高光区域。

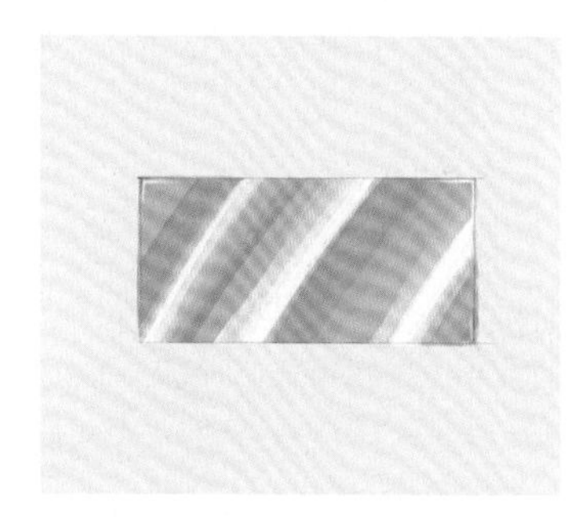

5 用中国白在金属平面四周绘制出金属厚度，再加水使色块间过渡自然，即可完成绘制。

平面白金

效果图

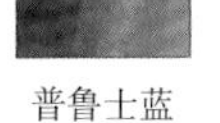

中国白　象牙黑　普鲁士蓝

绘制步骤

1 用自动铅笔在卡纸上绘制出一块长方形平面金属的轮廓。

2 用象牙黑加中国白调和出灰色，平铺白金的底色。

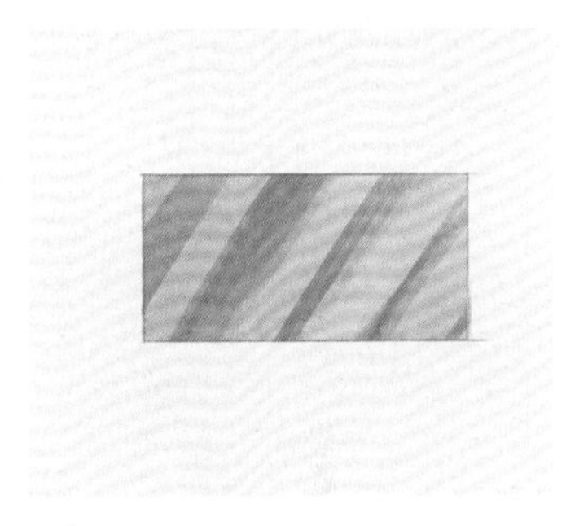

3 用象牙黑加少许普鲁士蓝加中国白调和出蓝灰色，以倾斜约45°的平行四边形画出反光。

4 加入中国白平铺在反光旁边，绘制高光区域。

5 用中国白在金属平面四周绘制出金属厚度，再加水使色块间过渡自然，即可完成绘制。

平面玫瑰金

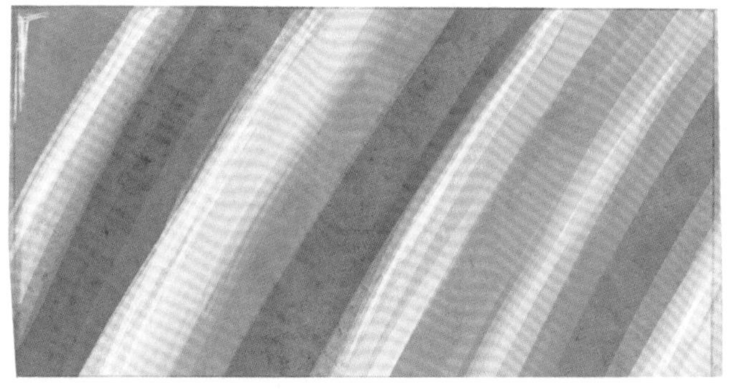

效果图

中国白　深红

熟褐　亮黄

绘制步骤

1 用自动铅笔在卡纸上绘制出一块长方形平面金属的轮廓。

2 用深红加亮黄调和，平铺玫瑰金的底色。

3 用熟褐加深红调和，以倾斜约45° 的平行四边形画出反光。

4 加入中国白平铺在反光旁边，绘制高光区域。

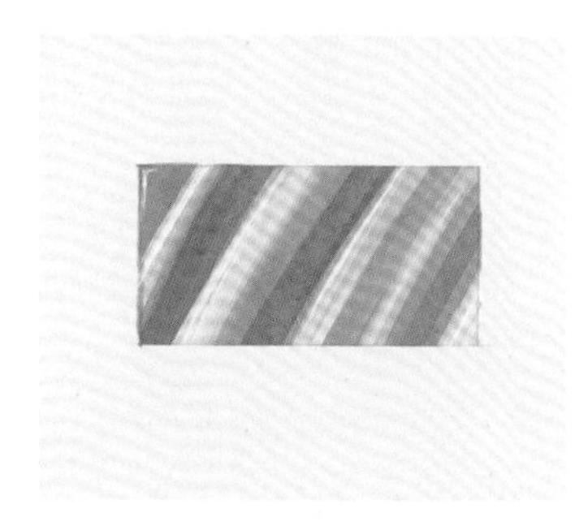

5 用中国白在金属平面四周绘制出金属厚度，再加水使色块间过渡自然，即可完成绘制。

7.3 曲面贵金属绘制技法

凹面黄金丝带

效果图

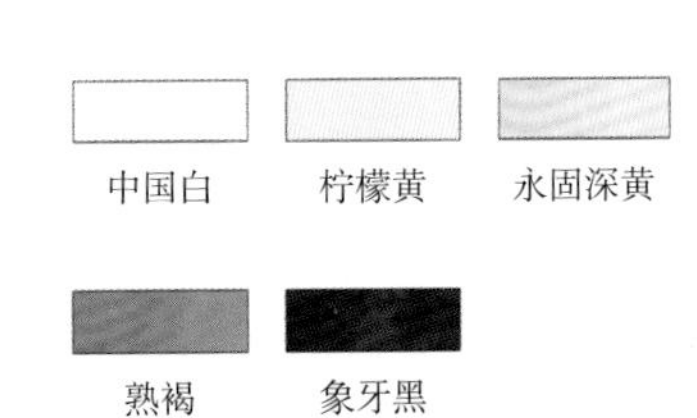

绘制步骤

1 用自动铅笔绘制一段扭转的凹面丝带。

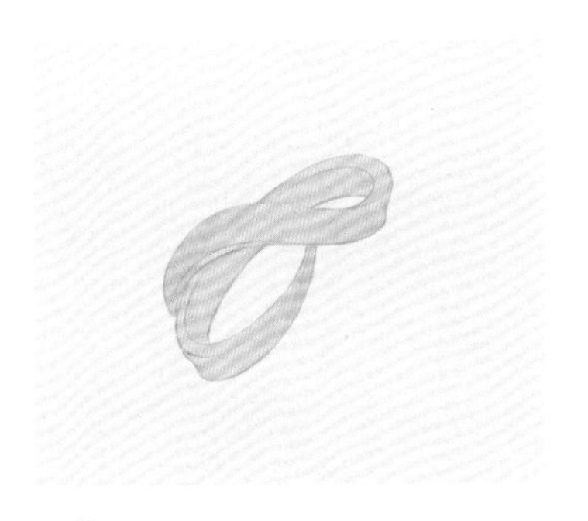

2 用永固深黄加柠檬黄调和，平铺凹面黄金丝带底色。

3 用永固深黄加熟褐调和，平铺凹面的暗部与转折面，再用永固深黄加中国白调和，绘制过渡区域，使颜色过渡自然。

4 用永固深黄加熟褐加象牙黑调和，加深转折面遮挡造成的暗部区域。

5 用中国白绘制凹面黄金丝带亮面高光，即可完成绘制。

凸面黄金丝带

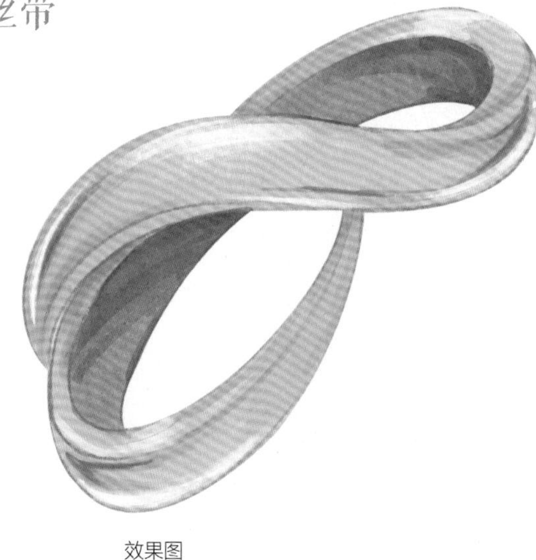

效果图

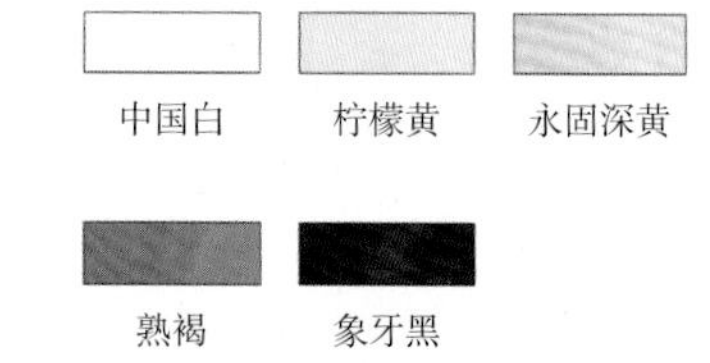

绘制步骤

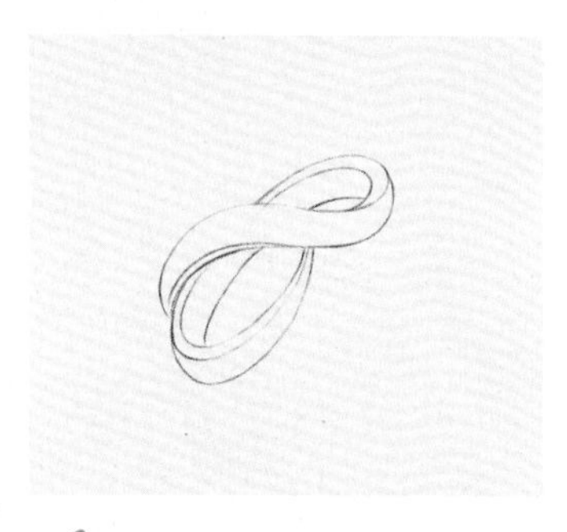

1 用自动铅笔绘制一段扭转的凸面丝带。

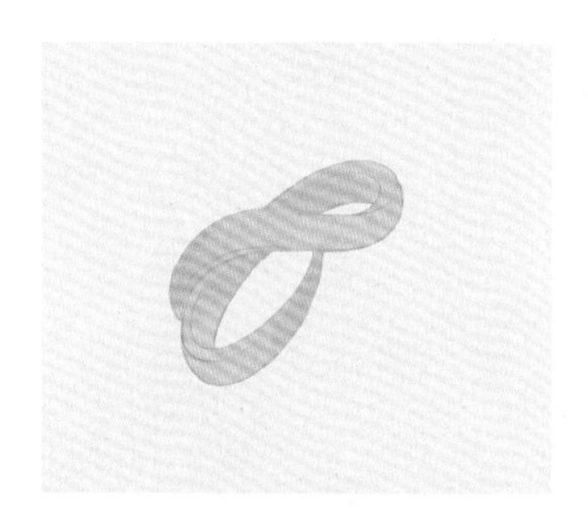

2 用永固深黄加柠檬黄调和，平铺凸面黄金丝带底色。

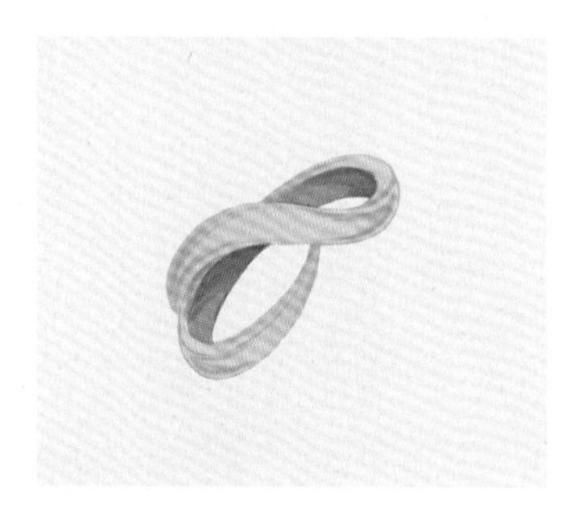

3 用熟褐加永固深黄调和，平铺曲面暗部，再用永固深黄绘制凸面黄金转折区域。

4 用熟褐加象牙黑调和，加深转折面遮挡造成的暗部区域。

5 用中国白绘制凸面黄金丝带亮面高光位，即可完成绘制。

管状黄金

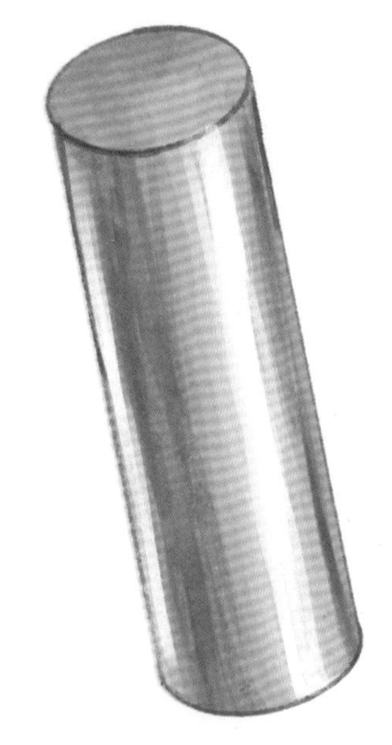

效果图

中国白　柠檬黄　永固深黄

熟褐　象牙黑

绘制步骤

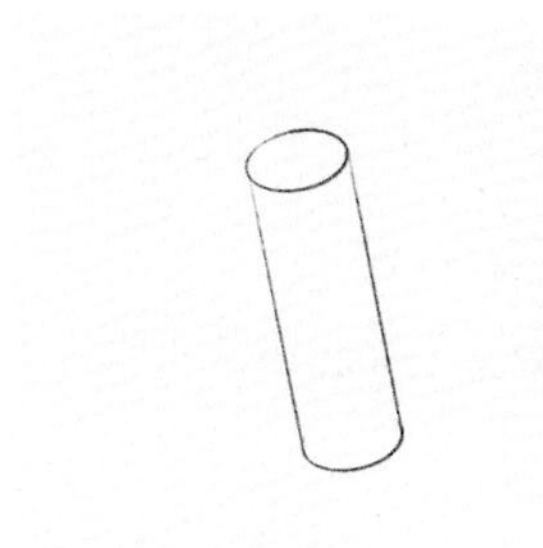

1 用自动铅笔绘制一个管状的轮廓。

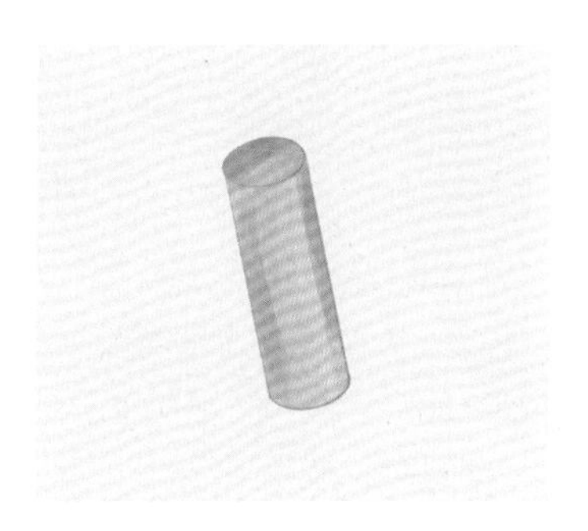

2 用柠檬黄加永固深黄调和，平铺管状黄金底色，再用永固深黄绘制暗部区域。

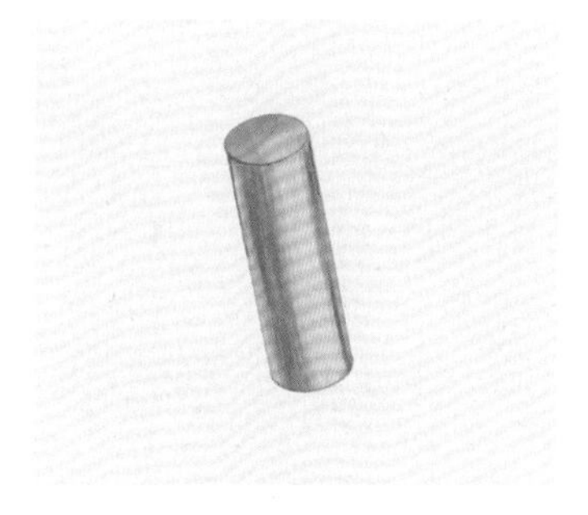

3 用永固深黄加熟褐加象牙黑调和，进一步加深暗部区域。

4 用中国白绘制管状黄金的亮面区域，稍加晕染过渡，即可完成绘制。

7.4 不同肌理贵金属绘制技法

肌理是指物体表面的纹理结构，在珠宝设计中，常会对贵金属表面进行肌理设计，以增强珠宝的设计感。贵金属常见的肌理包括光面、拉丝和喷砂 / 磨砂等。

光面是贵金属最常见的肌理，这种肌理的贵金属有非常明显的反射和高光，在手绘时需要在它面对光源的地方画上明亮的线条或块面，同时在背光的地方添加阴影，可尝试使用不同深浅的色彩来描绘光线在金属表面造成的反光和色彩变化。

拉丝贵金属有着微妙的线状纹理，看起来像是被刷过的金属。在绘制拉丝贵金属时，可以通过绘制一系列细密的线条来表现这种纹理。这些线条应平行，并在一些区域略微变暗或变浅，以表现光线在金属表面造成的反光和阴影。

喷砂贵金属表面看起来很粗糙，没有明显的反光。为了绘制出这种质地，可以使用点描或者短的、断断续续的线条来表现其表面的粗糙感。在处理高光和阴影时，需要确保它们看起来比光面和拉丝金属更柔和、更分散。

光面金块

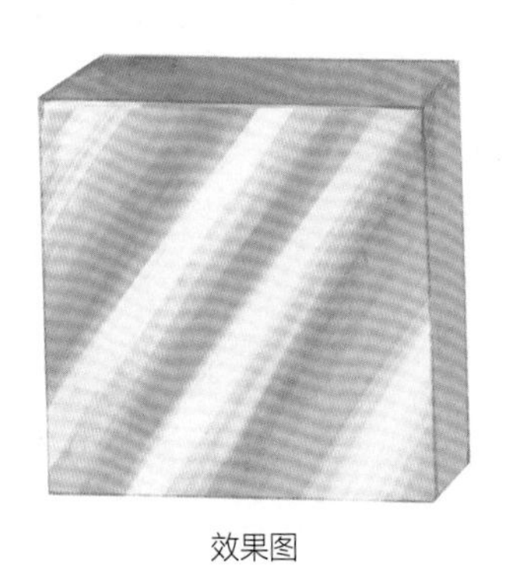
效果图

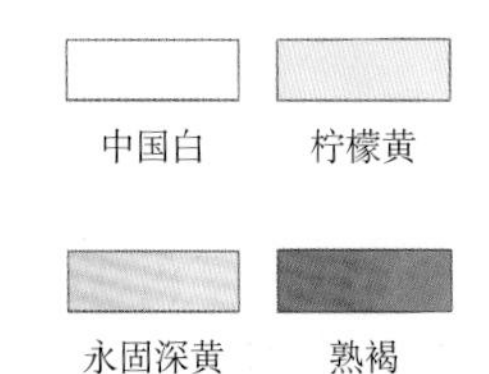

绘制步骤

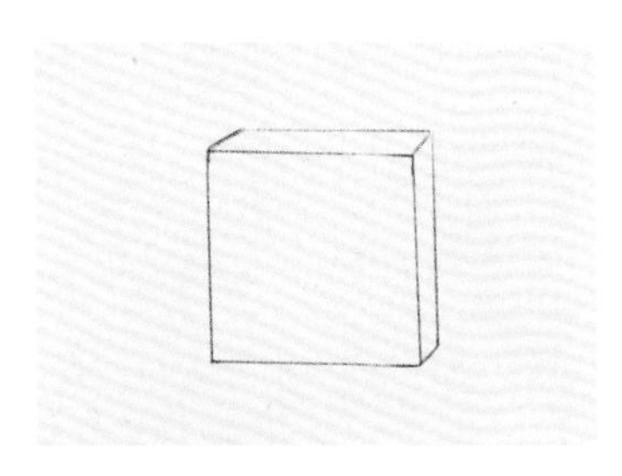

1 用自动铅笔在卡纸上绘制一个立方体金块的轮廓。

2 用柠檬黄加永固深黄调和，平铺金块正面的底色，用永固深黄加熟褐调和，绘制金块上面和侧面的底色。

3 用永固深黄加熟褐调和，以倾斜约 45° 的平行四边形画出金块正面的反光，用同样的颜色画出背光面。

4 用中国白平铺在反光旁边，绘制高光区域。

5 用中国白在四周绘制出金块厚度，再加水使色块间过渡自然，即可完成绘制。

拉丝金块

效果图

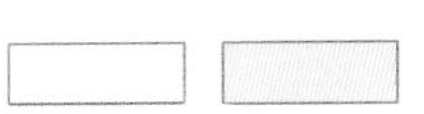

绘制步骤

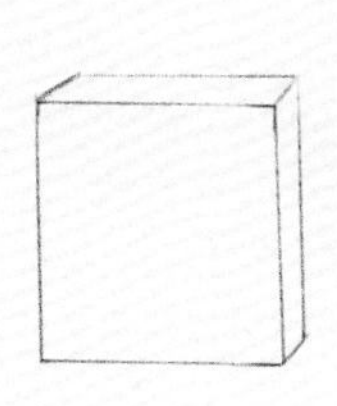

1 用自动铅笔在卡纸上绘制一个立方体金块的轮廓。

2 用永固深黄加柠檬黄调和，平铺金块底色。

3 用永固深黄加少许熟褐调和，以倾斜约 45° 的平行四边形画出反光，用同样的颜色画出背光面。

4 用永固深黄加少许熟褐调和出深棕色，在金块正面绘满倾斜 45° 的平行线。

5 用永固深黄加水调和，在金块正面再次叠加绘满倾斜 45° 的平行线。

6 用中国白加水调和，在金属正面绘满倾斜 45° 的平行线，注意高光位白线需要叠加明显点，即可完成绘制。

喷砂金块

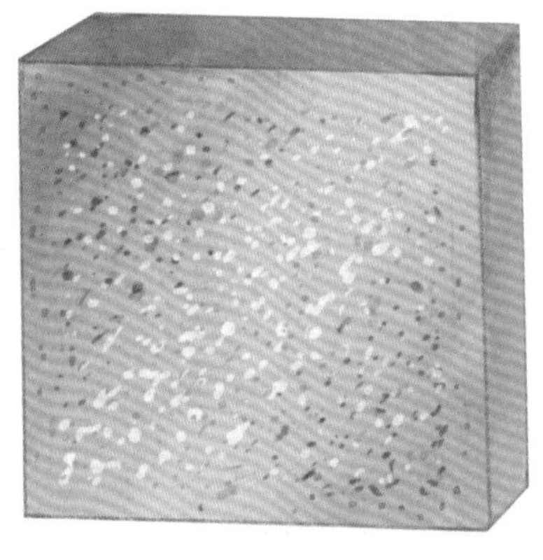

效果图

中国白 柠檬黄

永固深黄 熟褐

绘制步骤

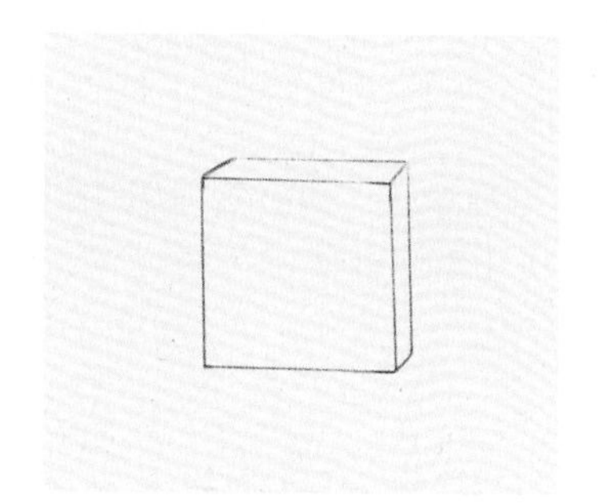

1 用自动铅笔在卡纸上绘制一个立方体金块的轮廓。

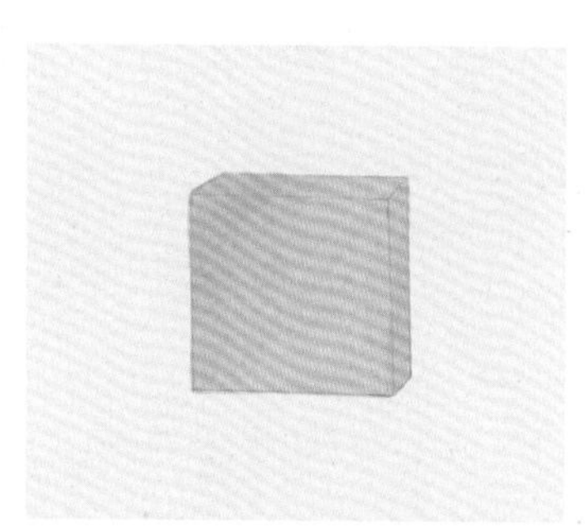

2 用永固深黄加柠檬黄调和，平铺金块的底色。

3 用永固深黄加熟褐调和，在金块正面对角处以及背光面绘制暗部区域，注意过渡自然。

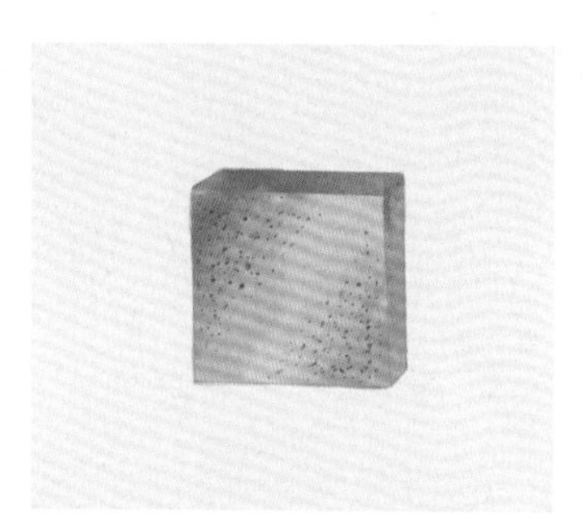

4 开始画磨砂 / 喷砂颗粒，用熟褐色加象牙黑调和成的颜色在暗部区域绘制密集的点。

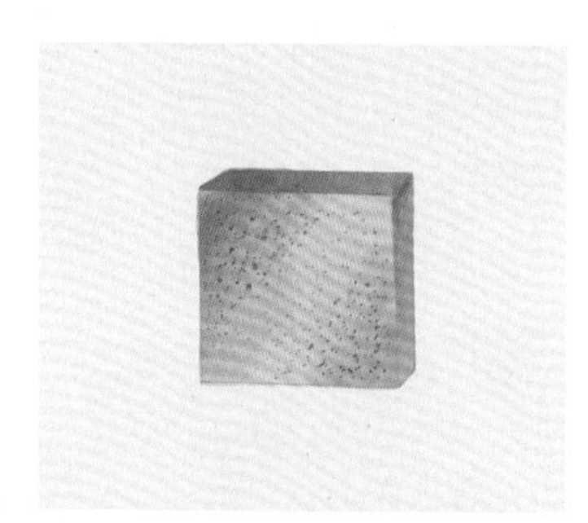

5 用永固深黄加少许熟褐调和，在整个正面绘制密集的点。

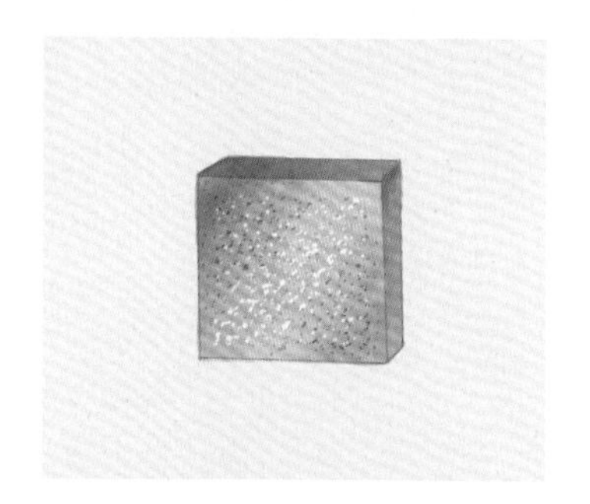

6 最后用勾线笔取中国白在整个正面绘制密集的点，亮部的点更密集一些。绘制完成。

7.5 国风珠宝特殊金属工艺绘制技法

在中国传统珠宝设计中，会采用一些特殊的金属工艺，其中鎏金、花丝镶嵌、锤鍱、金银错、掐丝、炸珠、錾花和累丝并称中国八大金工工艺。

宋代花卉纹金簪（局部）

宋代花卉纹金簪局部效果图

炸珠工艺珠宝绘制技法

炸珠是指利用高温将黄金熔化后，将黄金溶液滴入温水中形成大小不等的金珠。炸珠形成的金珠通常焊接在金、银器物上以作装饰，常和掐丝编织镶嵌一同使用。

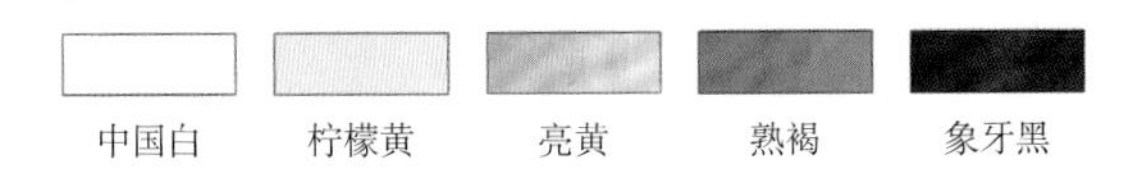

中国白　柠檬黄　亮黄　熟褐　象牙黑

绘制步骤

1 根据实物造型在卡纸上用自动铅笔起稿。

2 用亮黄加柠檬黄调和，平铺底色。

3 用亮黄加象牙黑调和，绘制暗部区域。

4 用亮黄与熟褐调和，绘制金属边缘过渡色。

5 用中国白加少许亮黄和柠檬黄调和，绘制反光最亮区域，即可完成绘制。

錾刻工艺珠宝绘制技法

錾刻是指通过刻划、雕刻、凿刻等手段在金属板上创造出精细的图案，是一种利用金、银、铜等金属材料的延展性对器物进行再加工的复杂技艺。

唐代金背花鸟纹铜镜（整体）

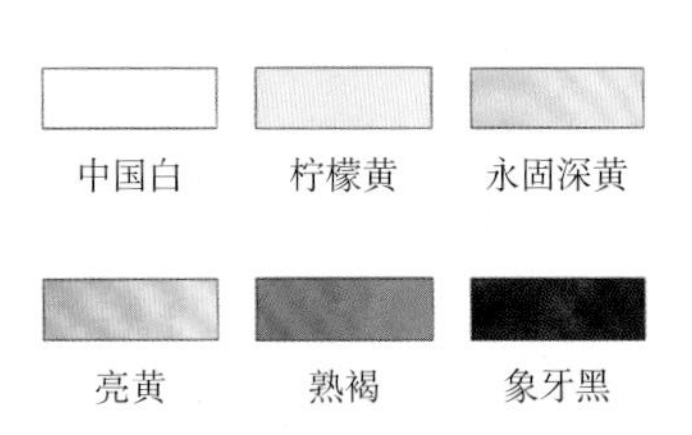

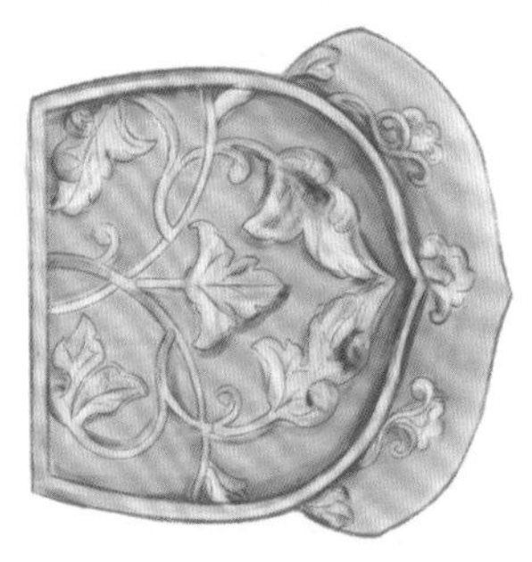

唐代银鎏金钗效果图

绘制步骤

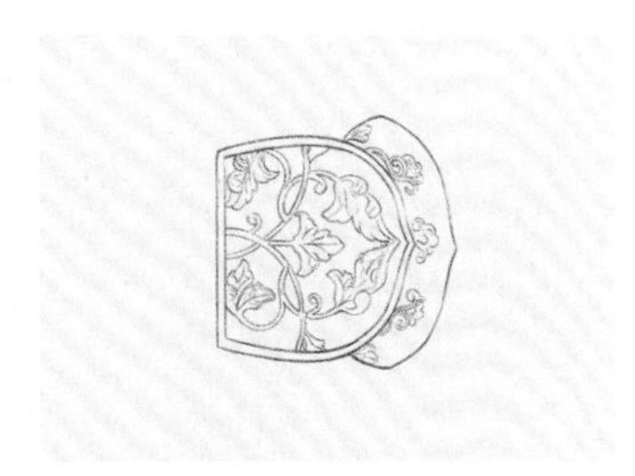

1 根据实物造型在卡纸上用自动铅笔起稿。

2 用永固深黄加亮黄调和，平铺底色。

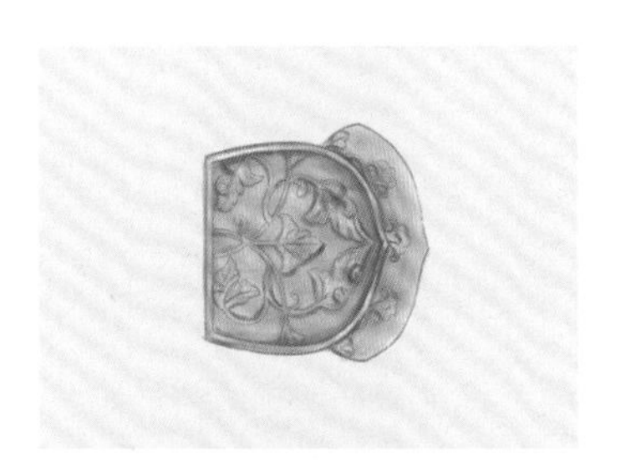

3 用永固深黄和熟褐、象牙黑调和，叠加平铺底色。之后在此调色基础上加深，绘制出錾刻阴影。

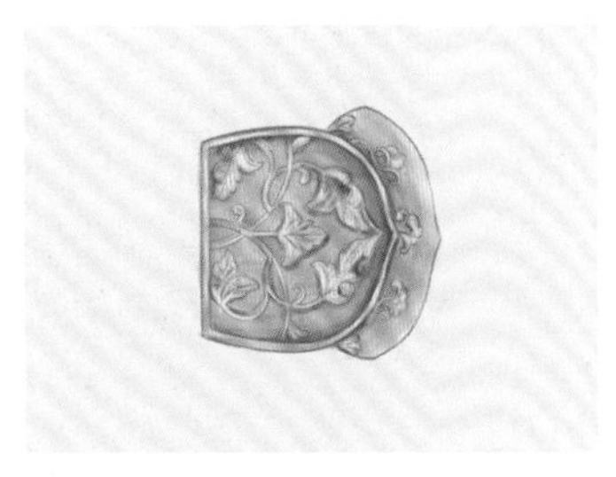

4 用柠檬黄加中国白调和，绘制亮面区域。

5 用中国白绘制高光区域，即可完成绘制。

宝石镶嵌工艺及绘制技法

在珠宝设计中，宝石的镶嵌是非常重要的，不同的镶嵌工艺能使珠宝呈现出不同的视觉效果，合适的镶嵌工艺能提升珠宝的设计感、美感和牢固度。

8.1 宝石基本镶嵌工艺

常见的镶嵌工艺包括爪镶、包镶、铲边镶、埋镶、密钉镶、夹镶、虎爪镶、插镶、轨道镶等。

爪镶

爪镶是用金属爪将宝石固定在托架（镶口）上的镶嵌方法，是最常见的一种镶嵌方式，适用于各种形状和大小的宝石。爪镶最大的优点是金属对宝石的遮挡少，能清晰呈现宝石的美，且光线能从不同角度入射和反射，令宝石看起来更大、更璀璨。爪镶一般可分为六爪镶、四爪镶、三爪镶。

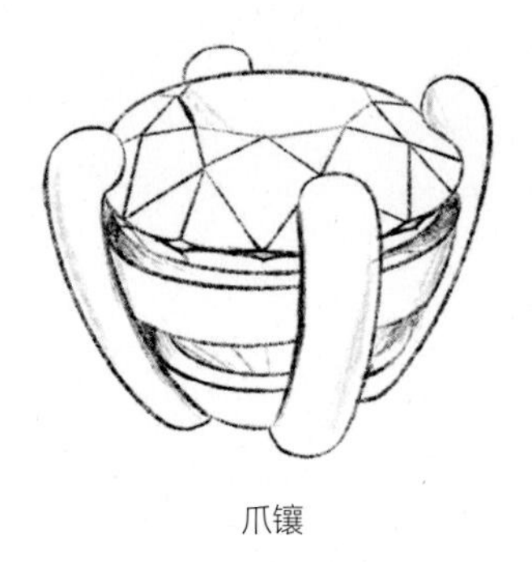

爪镶

包镶

包镶是指用金属边将宝石四周完全包围，只露出宝石顶部的镶嵌方式。包镶的优点是很稳固，缺点是宝石的外露尺寸减小，会使宝石看起来比较小。

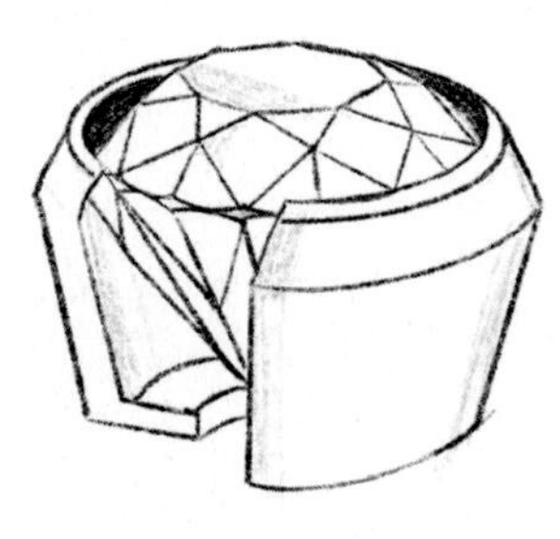

包镶

铲边镶

铲边镶是指外用金属边、内用金属爪将众多小宝石固定在一起的镶嵌方式。适用于小宝石的排镶，线条整齐流畅。

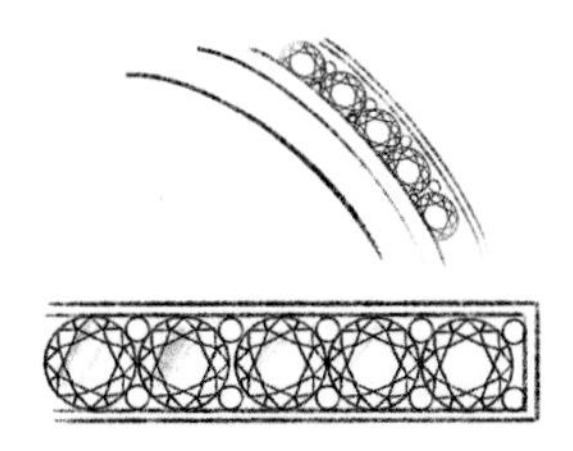

铲边镶

埋镶

埋镶是指将宝石埋入金属中的镶嵌方式。这种镶嵌方式不需要金属爪，外形比较简洁、时尚。

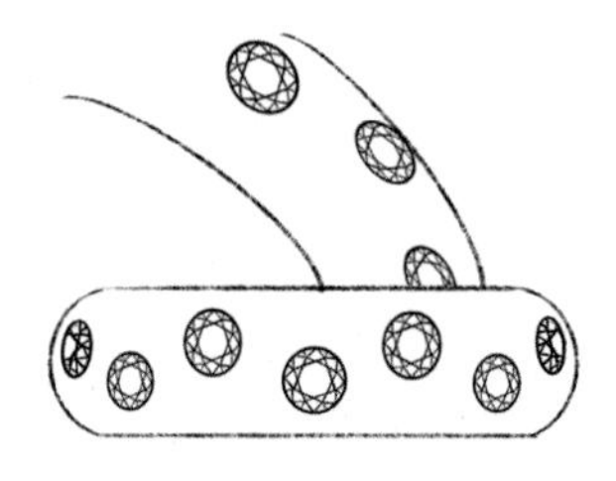

埋镶

密钉镶

密钉镶是指在镶口上铲出许多钉子形状的小爪子，将宝石固定在其中的镶嵌方式。适用于小宝石的镶嵌。

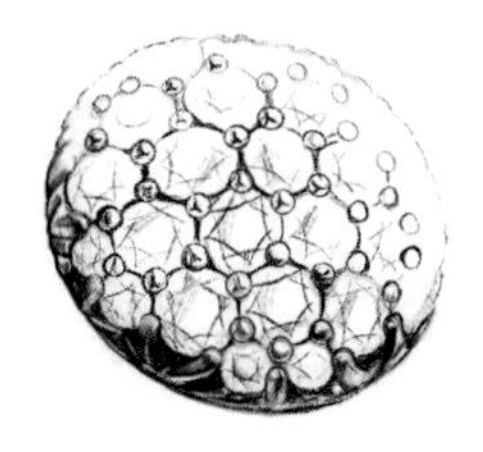

密钉镶

夹镶

夹镶是指利用金属自身的张力，将宝石夹在金属柄之间固定的镶嵌方式。这种镶嵌方式比较突出宝石。

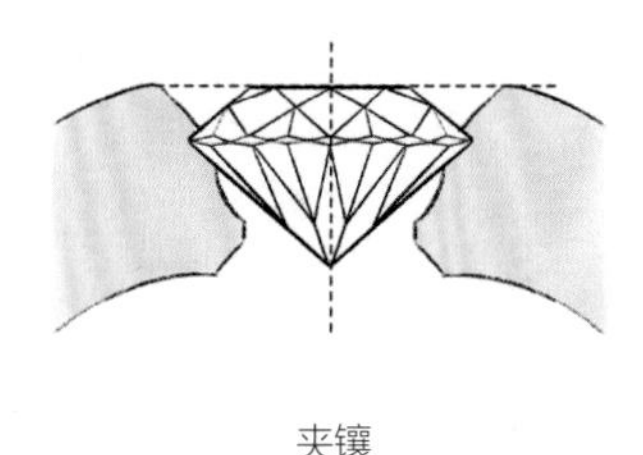

夹镶

虎爪镶

虎爪镶是指在金属上种爪，将小宝石固定在爪中的镶嵌方式。这种镶嵌方式从侧面也能看到宝石，能让宝石更闪耀。

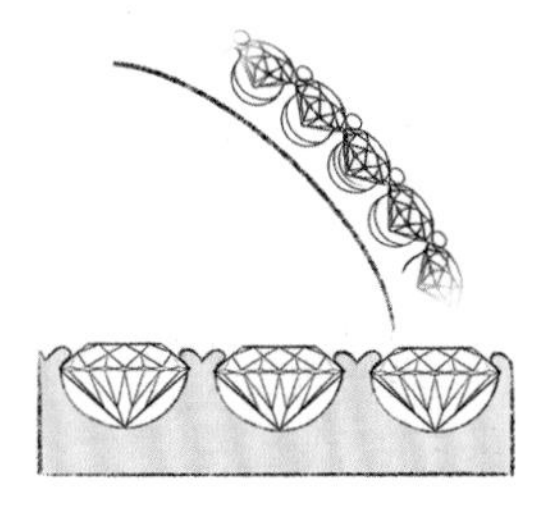

虎爪镶

插镶

插镶是指将圆珠状的宝石打孔后，固定在托架上的金属针上的镶嵌方式。这种镶嵌方式最常用于珍珠的镶嵌。

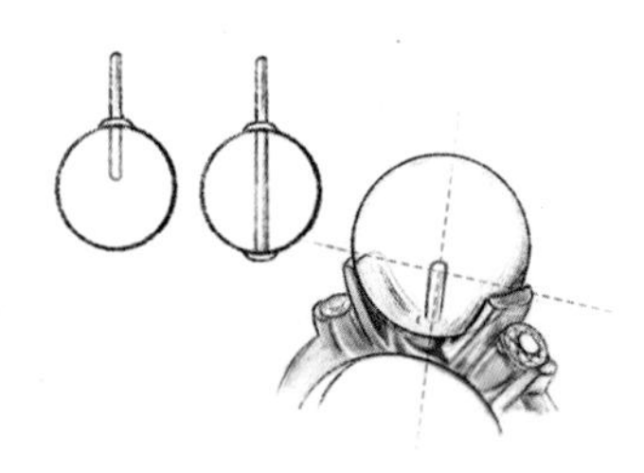

插镶

轨道镶

轨道镶是一种先在贵金属托架上车出沟槽，然后把宝石固定在槽沟中的镶嵌方法。这种镶嵌方式要求宝石大小一致，整体感觉整齐优雅。

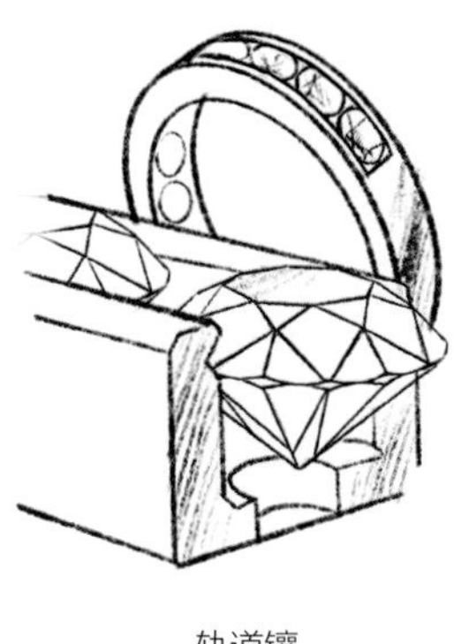

轨道镶

8.2 国风珠宝特殊镶嵌工艺

在国风珠宝设计中，还会用到我国的传统镶嵌工艺，如花丝镶嵌、点翠、烧蓝、螺钿等。

点翠

点翠是在金、银、铜或鎏金金属底板上装饰翠鸟羽毛的一种传统工艺。现常用鹦鹉毛代替。

点翠

螺钿

螺钿是指将螺壳或海贝磨制成薄片，根据画面需要镶嵌在器物表面的一种传统装饰工艺。

螺钿

国风珠宝成品效果图手绘实例

9.1 戒指

戒指绘制基本技法

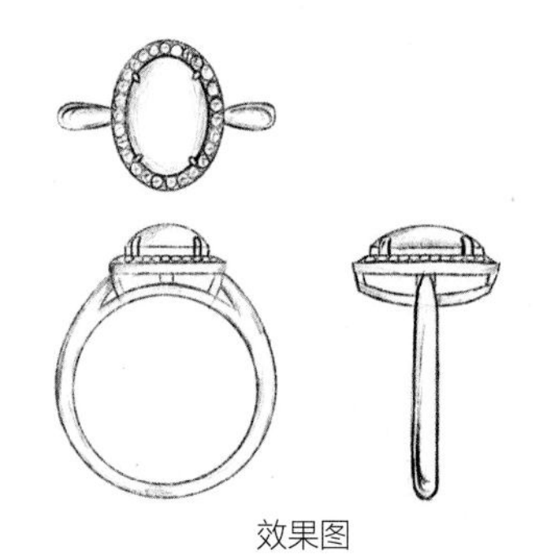

效果图

绘制步骤

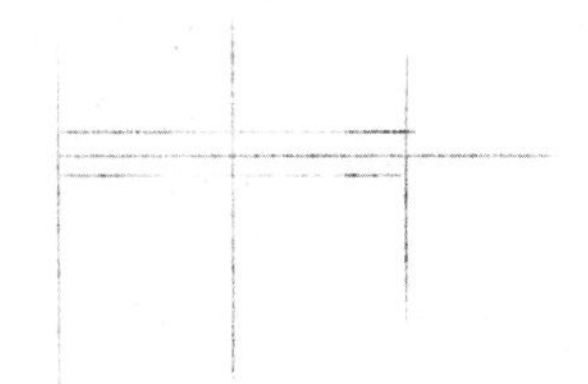

1 用自动铅笔轻轻绘制出十字线，并绘制出戒臂俯视图的宽度与厚度的辅助线。

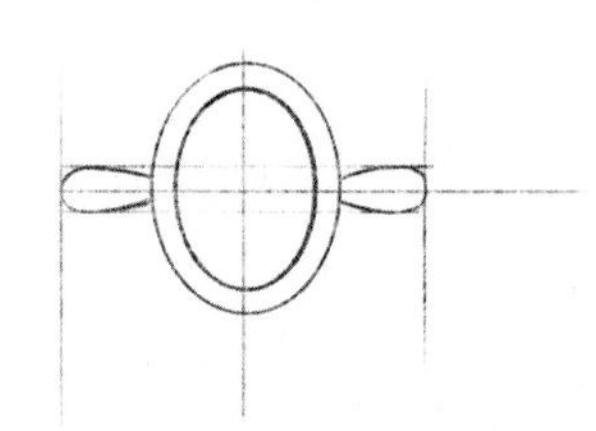

2 在线内绘制戒指的外轮廓大型。

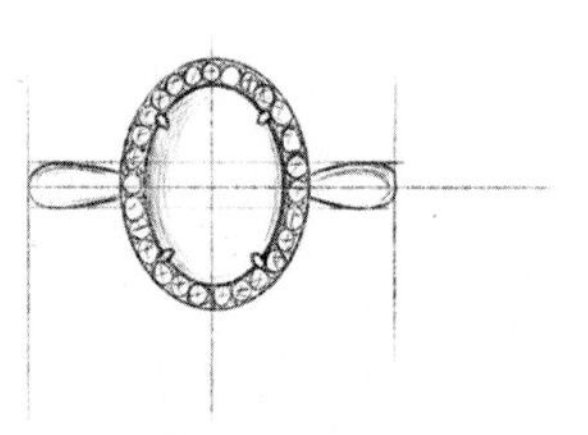

3 补充戒指俯视图的细节，如小碎钻和爪等。

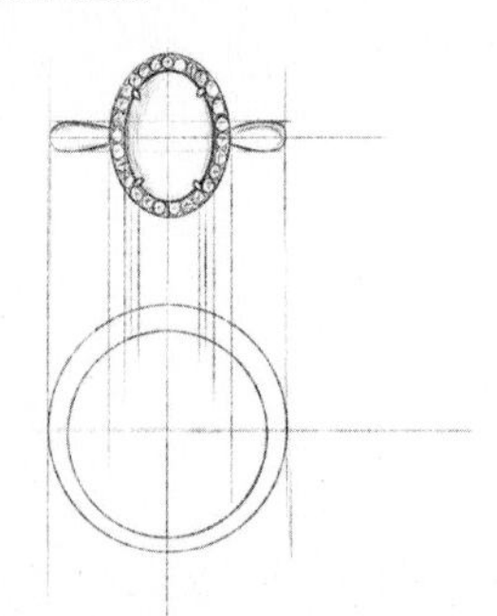

4 绘制正视图，对应俯视图往下画辅助线。画出正视图的外圈，确定好戒圈底部最窄位置，画出内圈。

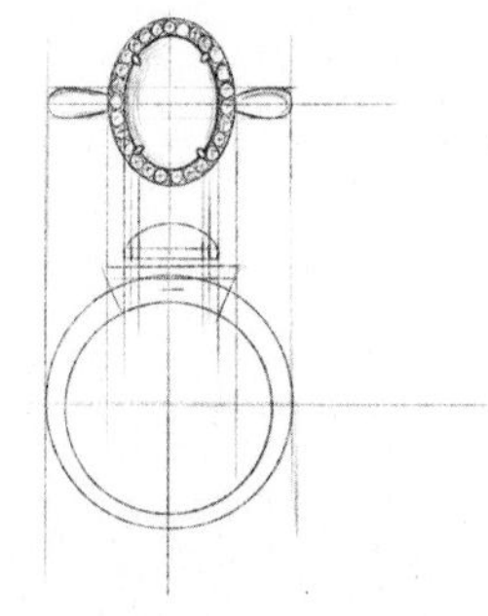

5 根据辅助线绘制主石侧面造型，注意立体面的表现。

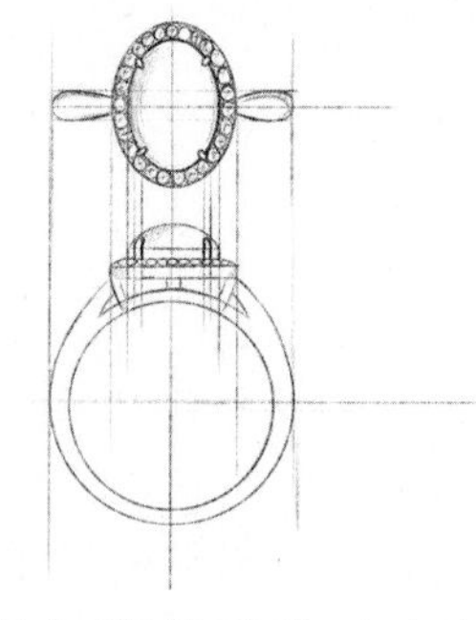

6 补充戒指侧面细节，如小碎钻、戒臂形态等。

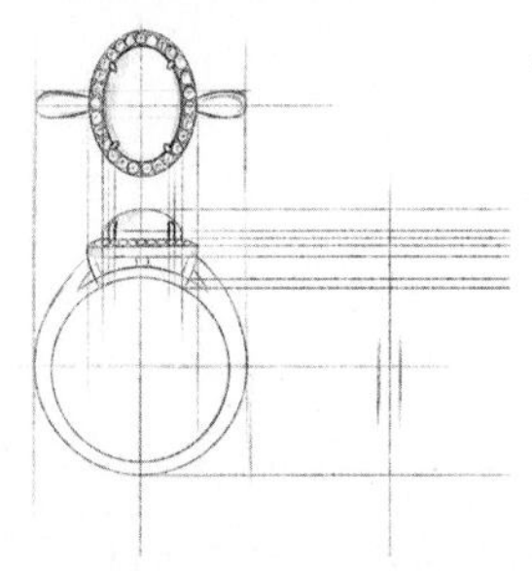

7 绘制侧视图，画出十字辅助线，根据主视图戒指每处结构对应高度向右绘制辅助线定位，根据俯视图戒臂厚度拉出同等尺寸的辅助线。

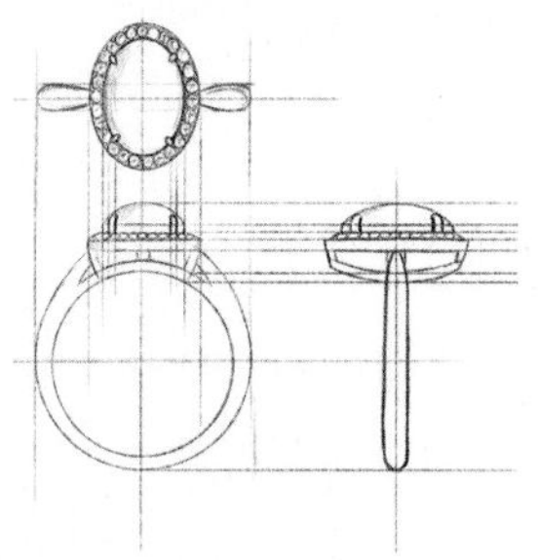

8 根据辅助线绘制戒指大型并补充细节。

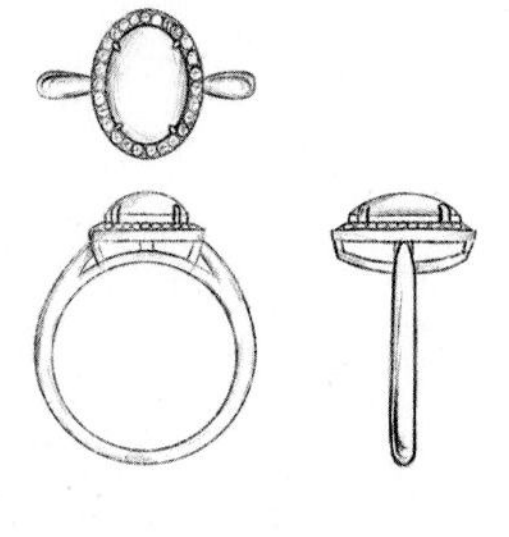

9 最后用勾线笔定稿，擦除线稿，完成绘制。

效果图

戒指手绘实例——月下沉睡兔戒指

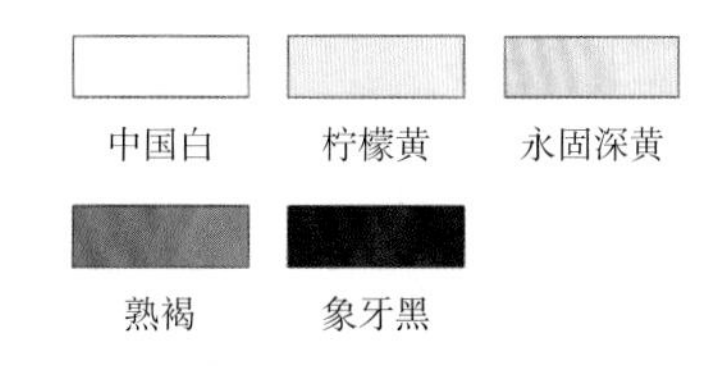

绘制步骤

1 用自动铅笔轻轻绘制出月下沉睡兔戒指造型轮廓。

2 用永固深黄加柠檬黄再加入中国白调和，铺戒圈底色，用中国白铺珍珠底色，用象牙黑加水绘制珍珠暗部区域。

3 用熟褐加永固深黄调和，绘制兔子的暗部区域；用中国白加柠檬黄调和，绘制兔子的高光区域。

4 用永固深黄加象牙黑调和的颜色轻轻绘制出兔子的毛流以及兔子外轮廓。

5 用细勾线笔取中国白绘制兔子毛流，增强兔子高光区域，再用中国白绘制戒指高光，即可完成绘制。

9.2 耳环

耳环绘制基本技法

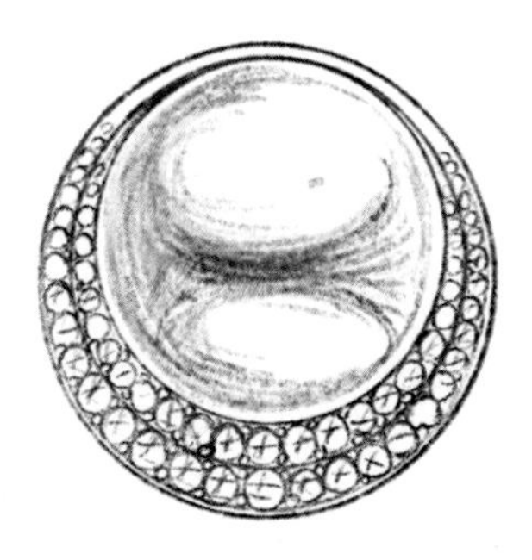
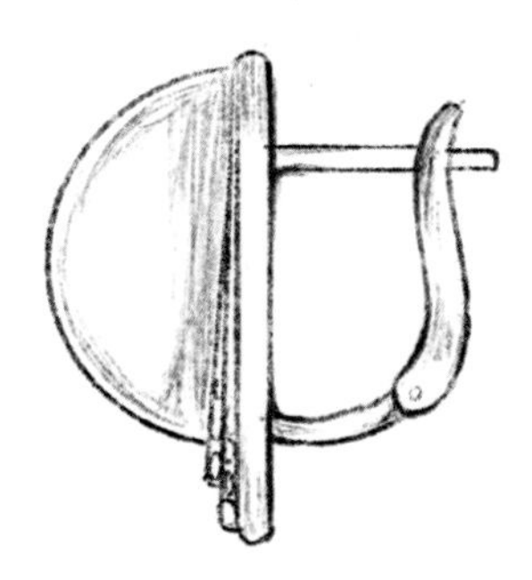

效果图

绘制步骤

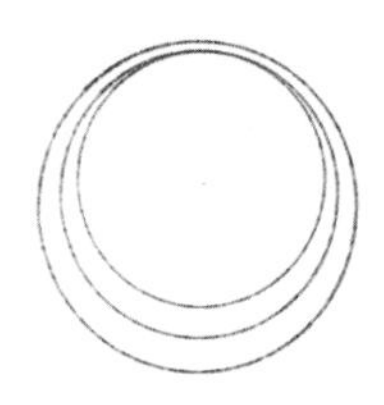

1 用自动铅笔绘制耳环正面轮廓大型。

2 补充细节，完善正面造型。

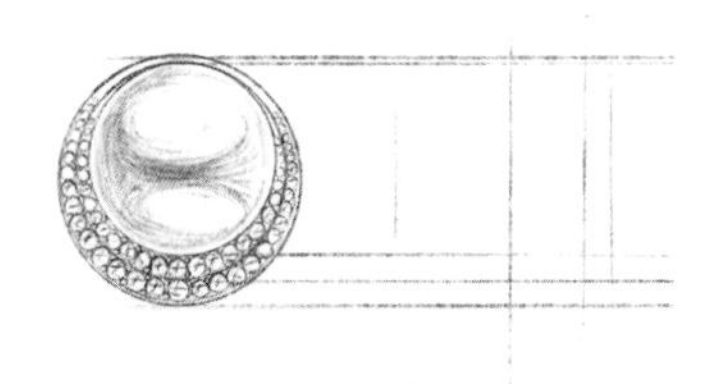

3 绘制侧视图，画出中心辅助竖线定位，绘制耳环侧面厚度辅助线，再以各结构高度向右绘制辅助线定位。

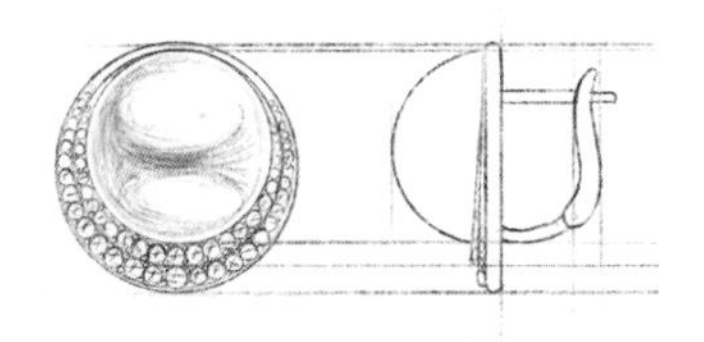

4 根据辅助线绘制耳环侧面结构轮廓。

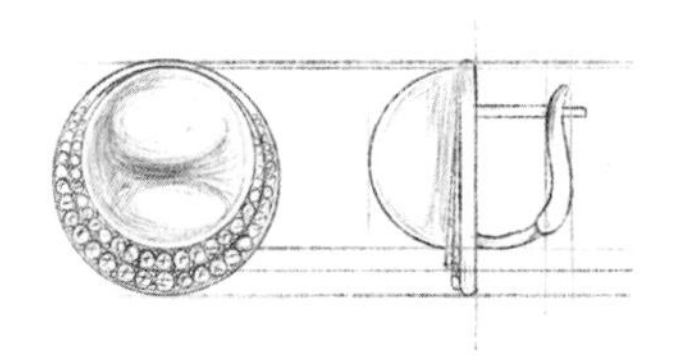

5 补充细节，完善耳环侧视图。

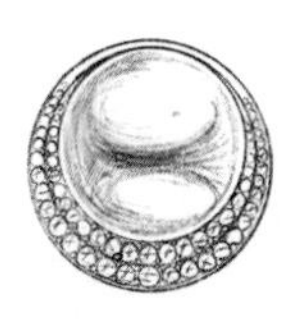
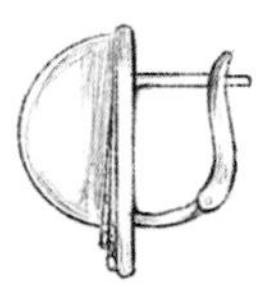

6 用勾线笔定稿，擦掉辅助线，完成绘制。

效果图

耳环手绘实例——柿柿如意之“夏盈”

中国白　永固浅绿　柠檬黄　象牙黑

绘制步骤

1 用自动铅笔轻轻绘制出耳坠的造型轮廓。

2 用象牙黑加水大面积平铺叶片、枝条；用柠檬黄加中国白调和，平铺叶脉；用永固浅绿加中国白调和，平铺翡翠叶子。

3 用象牙黑绘制叶片、枝条的暗部区域；用永固浅绿绘制翡翠叶子暗部区域。用永固浅绿加象牙黑调和，绘制翡翠叶子轮廓。

4 用中国白绘制叶片反光。

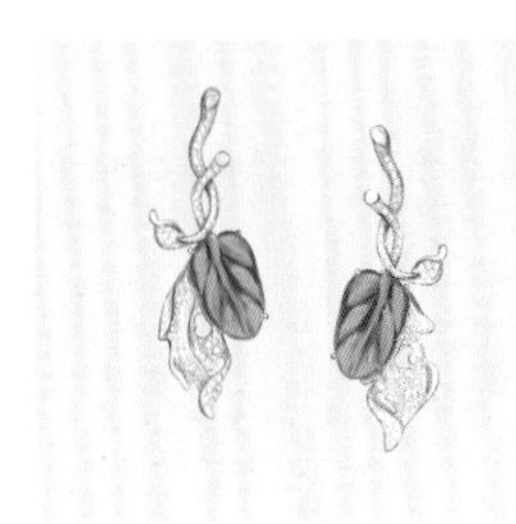

5 用铅笔补充碎钻。用细勾线笔取中国白添加细节与高光。

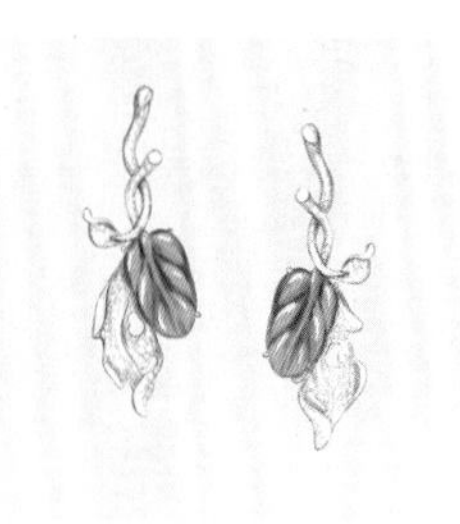

6 用中国白绘制耳坠高光区域。

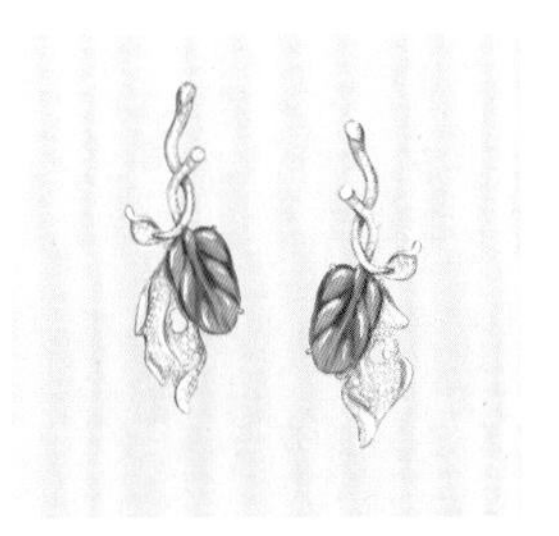

7 最后用水彩笔取中国白画上闪光效果，即可完成绘制。

9.3 吊坠

吊坠绘制基本技法

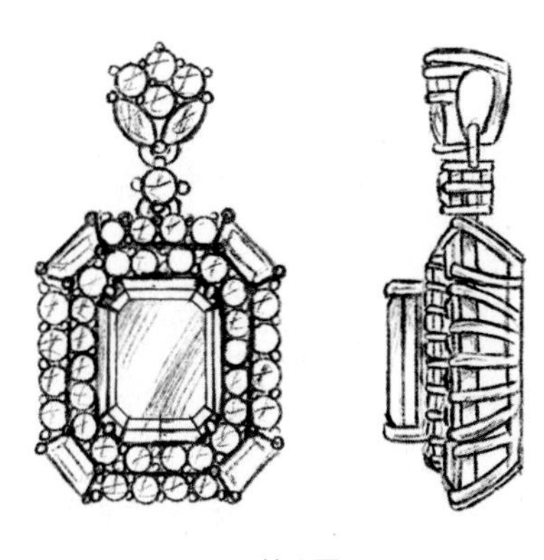

效果图

绘制步骤

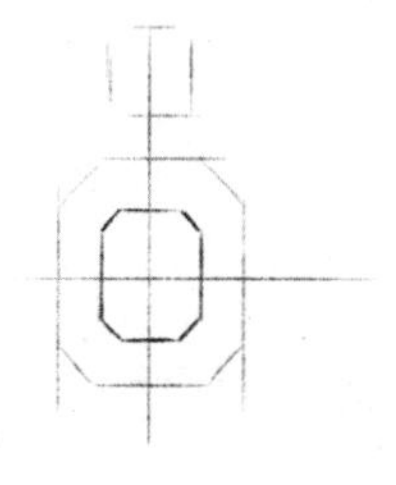

1 用自动铅笔轻轻绘制出十字辅助线，根据吊坠尺寸比例简单绘制出吊坠外轮廓。

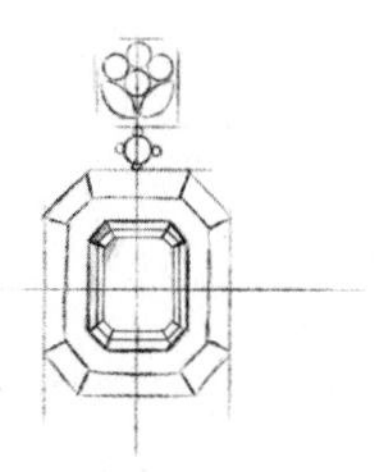

2 继续完善细节，绘制出吊坠内部结构，如宝石切割线等。

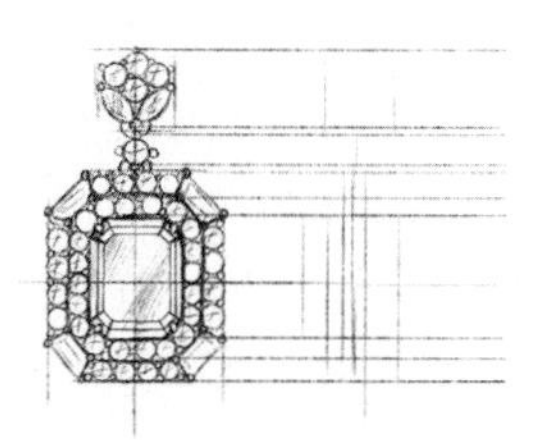

3 完成吊坠正视图，开始绘制吊坠侧视图，向右绘制出吊坠侧面结构辅助线。

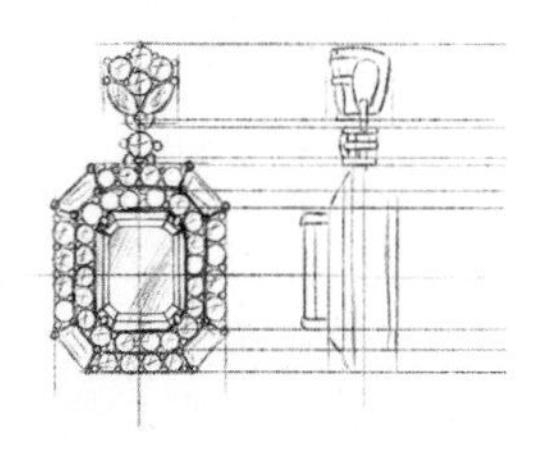

4 根据辅助线绘制出吊坠侧面形态。

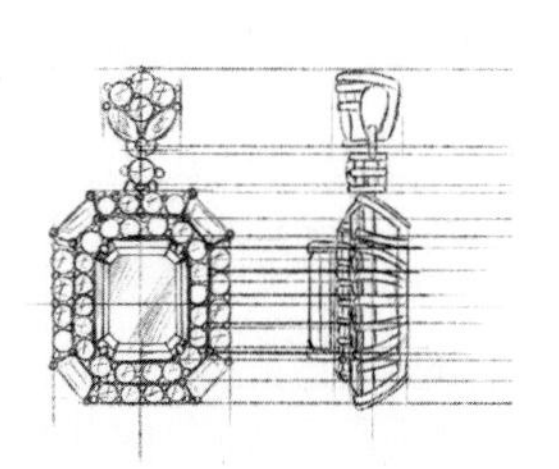

5 进一步根据碎钻和爪的位置向右画辅助线，并完善吊坠侧视图的碎钻与爪。

6 用勾线笔定稿，擦掉辅助线，完成绘制。

吊坠手绘实例——柿柿如意之“秋收”

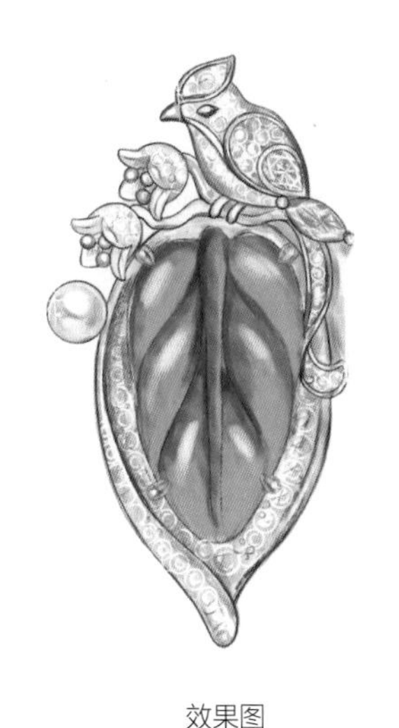

效果图

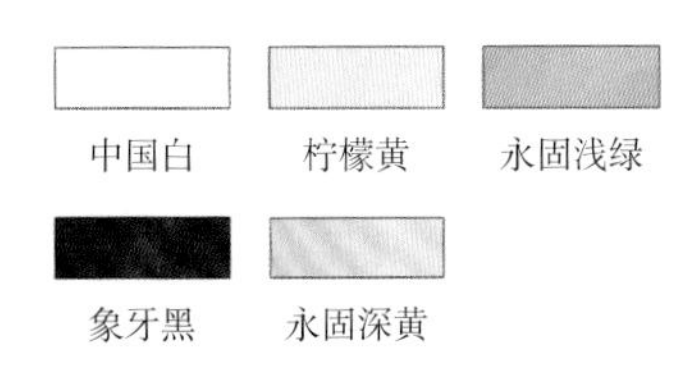

绘制步骤

1 用自动铅笔绘制出柿柿如意吊坠造型轮廓。

2 用象牙黑和中国白调和成的灰色平铺K白金属底色。

3 根据不同材质平铺颜色：K黄金属用柠檬黄加永固深黄调和铺色；翡翠用永固浅绿加象牙黑调和铺色，用象牙黑加水加深轮廓，表现出明暗关系。

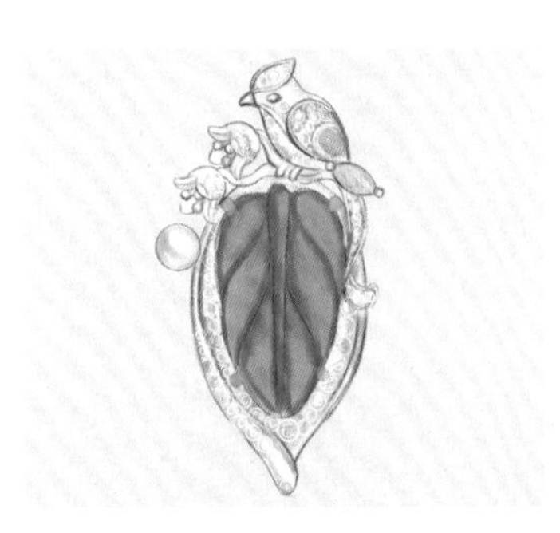

4 用中国白绘制碎钻。

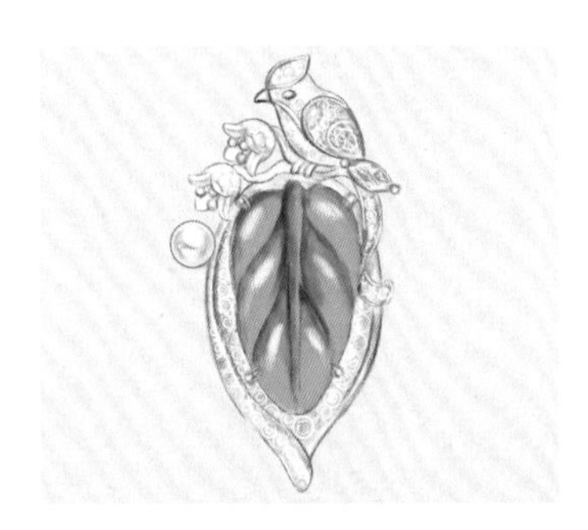

5 进一步细化，用柠檬黄加永固浅绿调和，绘制翡翠亮部区域。

6 用中国白绘制翡翠高光，用步骤2的灰色绘制吊坠阴影，再用细勾线笔取中国白，绘制吊坠闪光效果。绘制完成。

9.4 手镯

手镯绘制基本技法

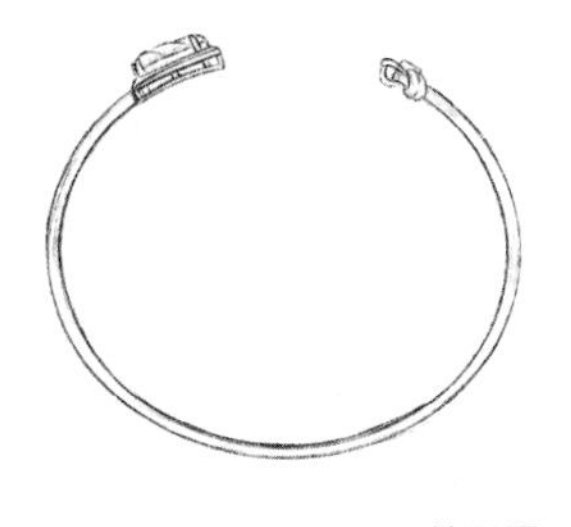

效果图

绘制步骤

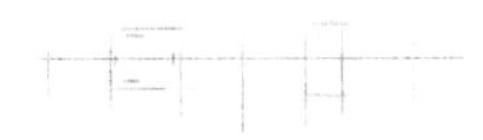

1 用自动铅笔绘制十字辅助线，根据手镯上的翡翠和蝴蝶结的宽度画辅助线定位。

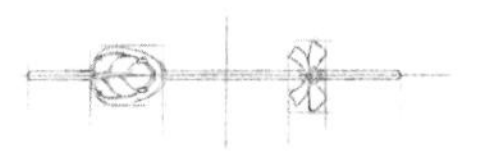

2 根据辅助线，完善手镯俯视图。

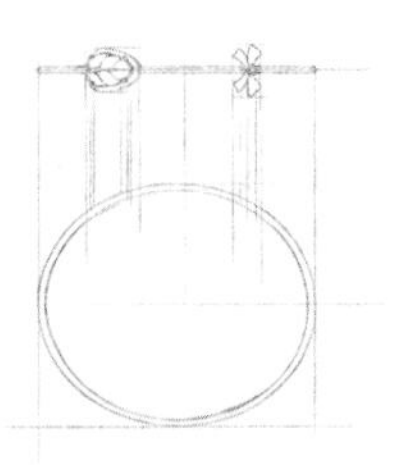

3 向下画辅助线定位，并画出手镯外圈，根据手镯底部最窄位置绘制手镯内圈。再根据俯视图宽度画正视图辅助线。

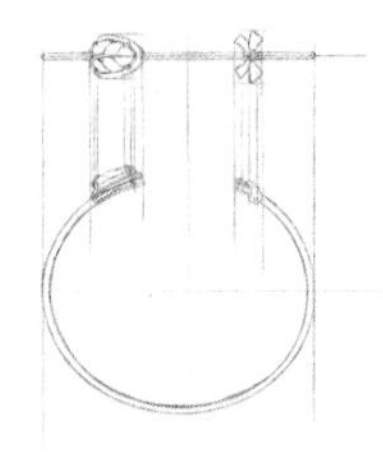

4 根据辅助线，绘制翡翠与蝴蝶结的正视图造型结构，注意立体面的处理。

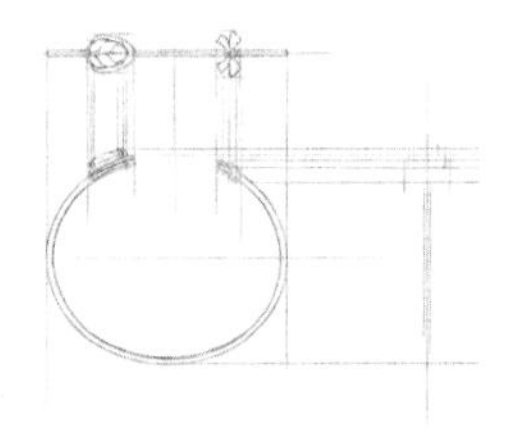

5 绘制侧视图，画出十字辅助线，根据主视图手镯每处结构对应高度向右绘制辅助线定位，根据俯视图厚度拉出同等尺寸的辅助线。

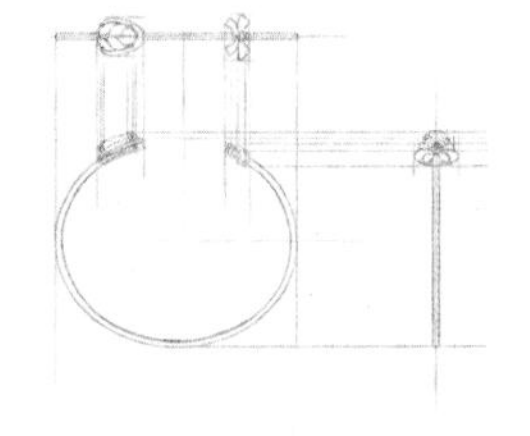

6 进一步完善侧视图结构，如碎钻、蝴蝶结造型等。

7 用勾线笔定稿，擦掉辅助线，完成绘制。

效果图

手镯手绘实例——柿柿如意之“冬藏”

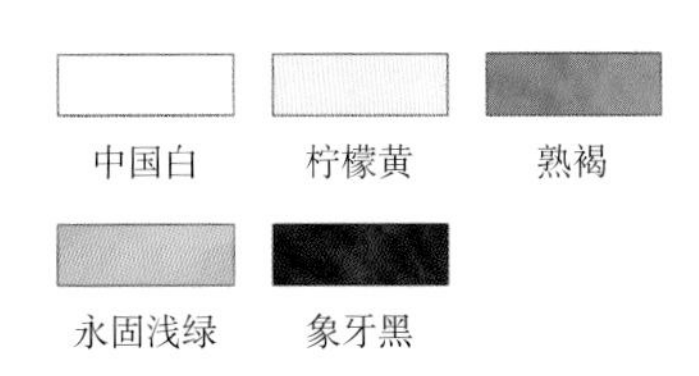

绘制步骤

1 用自动铅笔绘制出柿柿如意手镯造型轮廓。

2 用柠檬黄、永固浅绿、象牙黑和中国白分别在黄金、翡翠和白金区域平铺一层底色。

3 用熟褐加深黄金区域暗部，用象牙黑加水绘制白金花瓣暗部区域，用永固浅绿加象牙黑调和，绘制翡翠叶子轮廓。

4 用象牙黑加中国白加水调和，绘制碎钻。

5 用勾线笔取中国白绘制手镯高光区域，用象牙黑加水调和，绘制阴影，即可完成绘制。

9.5 国风古制珠宝

发簪手绘实例——清代银点翠嵌蓝宝石簪

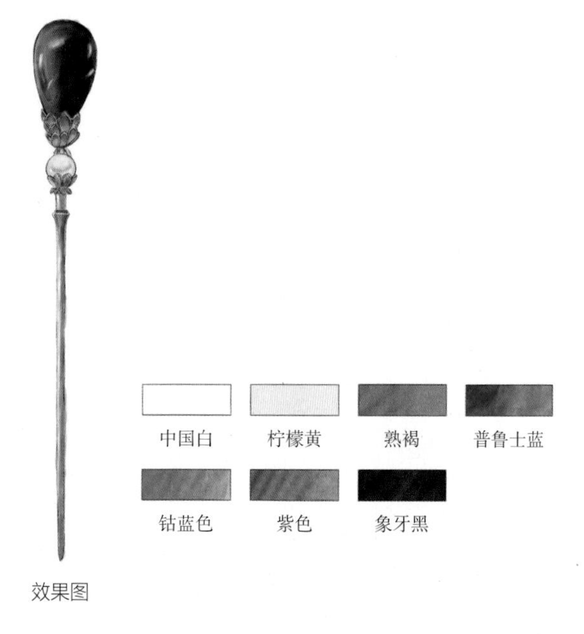

效果图

绘制步骤

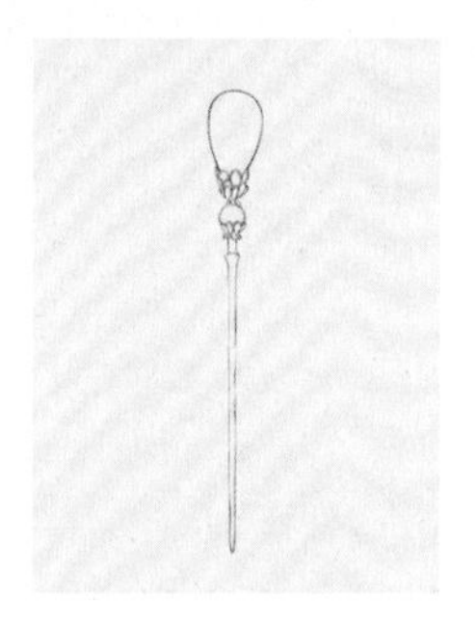

1 根据实物造型在卡纸上用自动铅笔起稿。

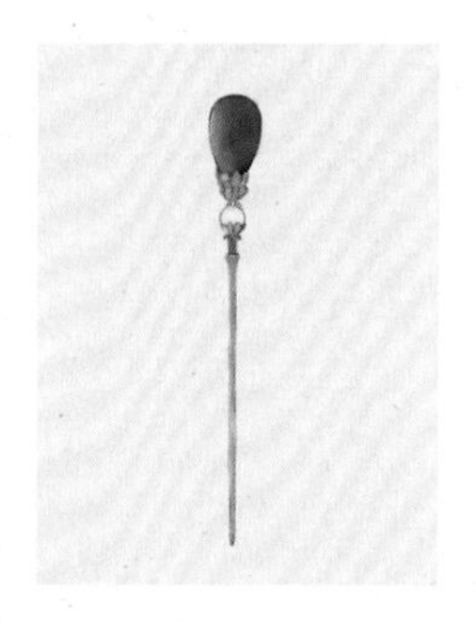

2 用普鲁士蓝、钴蓝加紫色、中国白、柠檬黄分别和水调和，对应在蓝宝石、莲花、珍珠、簪棍区域铺底色。

3 用普鲁士蓝加象牙黑加深上方蓝宝石和莲花造型暗面区域。用少量柠檬黄提亮莲花造型亮部，用象牙黑加水画出珍珠阴影部分。用熟褐加深簪棍暗部区域。

4 用普鲁士蓝、钴蓝加中国白调和，在蓝宝石上绘制过渡色区域。

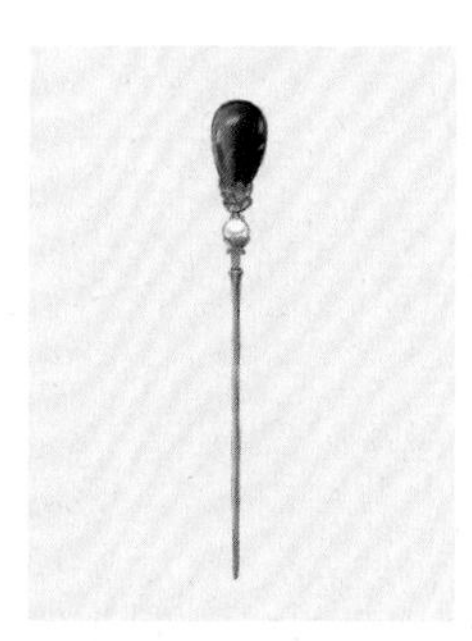

5 用中国白绘制蓝宝石与珍珠高光区域。

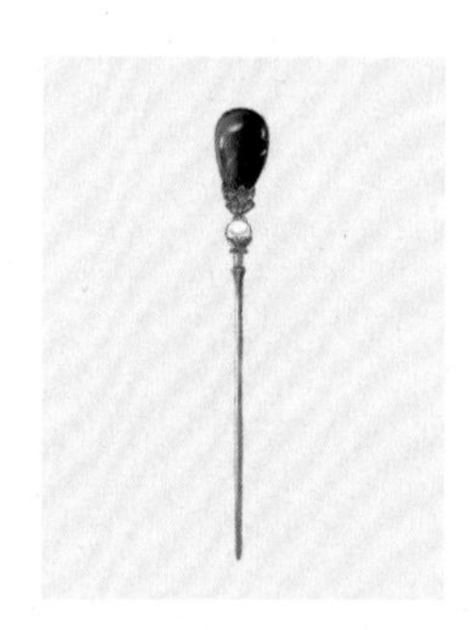

6 用勾线笔取中国白绘制簪棍高光，即可完成绘制。

珠串手绘实例——清代翡翠碧玺十八子手串

效果图

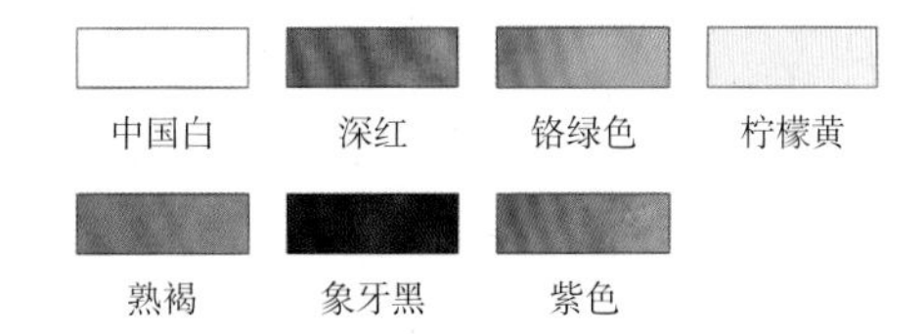

绘制步骤

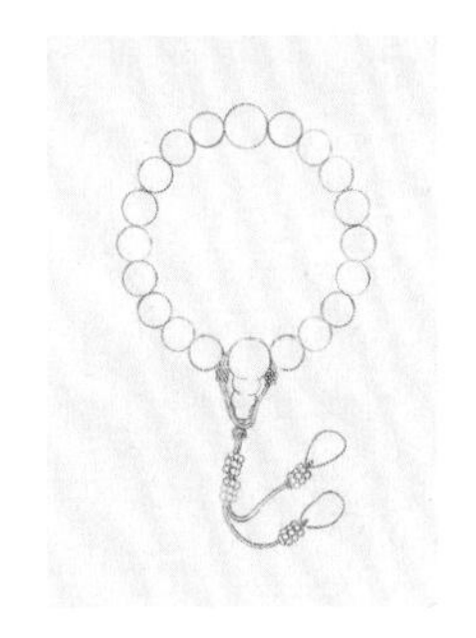

1 根据实物造型在卡纸上用自动铅笔起稿。

2 用深红、铬绿色、柠檬黄、中国白加水调和后，分别在粉色碧玺、绿色翡翠、金线、白色珍珠处铺底色。

3 用深红加水调和，绘制碧玺珠子暗部；用铬绿色加象牙黑调和，绘制翡翠珠子暗部；用熟褐加水调和，绘制金线暗部；用象牙黑加水调和，绘制珍珠暗部。

4 用柠檬黄加水调和，叠加绘制粉色碧玺珠；用紫色加中国白调和，再次叠加绘制粉色碧玺珠。

5 用中国白绘制整个珠串的高光区域，完成绘制。

斋戒牌手绘实例——清代粉红碧玺斋戒牌

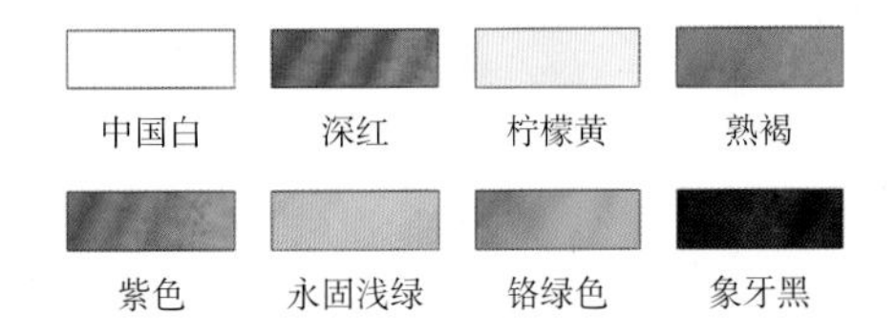

效果图

绘制步骤

1 根据实物造型在卡纸上用自动铅笔起稿。

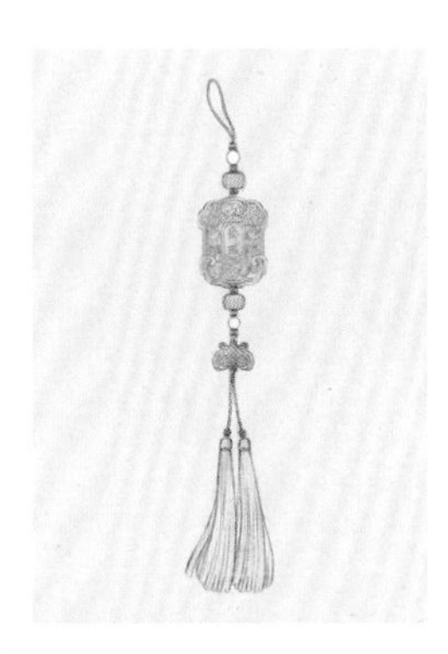

2 分别用深红、永固浅绿、柠檬黄、中国白、深红加水，平铺碧玺牌、翡翠珠、金线、珍珠、小珊瑚珠的底色。

3 用深红加紫色与灰色（象牙黑加水）调和，绘制斋戒牌暗部；用铬绿色绘制翡翠珠暗部；用灰色绘制珍珠暗部；用少量熟褐加水绘制编绳与流苏暗部区域。

4 分别用暗红色（深红加象牙黑）、铬绿色、熟褐、深红，加少量水调和，加深碧玺牌、翡翠珠、金线、珍珠、珊瑚珠，丰富颜色。

5 用中国白绘制整个斋戒牌的高光区域，完成绘制。

国风珠宝创作实例与手绘技法

10.1 国风珠宝设计构思方法

在国风的珠宝设计中，形式构成、主题仿生以及文化隐喻等构思方法常常被设计师们采用，以营造出富有东方特色和文化底蕴的艺术作品。

形式构成

形式构成是珠宝设计的基础要素，包括了线条、形状、色彩、纹理等。设计师通常会通过掌握和运用这些基本元素，来构建出独特的艺术形式。例如，从名画《千里江山图》中获取灵感，通过巧妙的线条勾勒和色彩搭配，使珠宝设计充满中国传统文化的韵味。

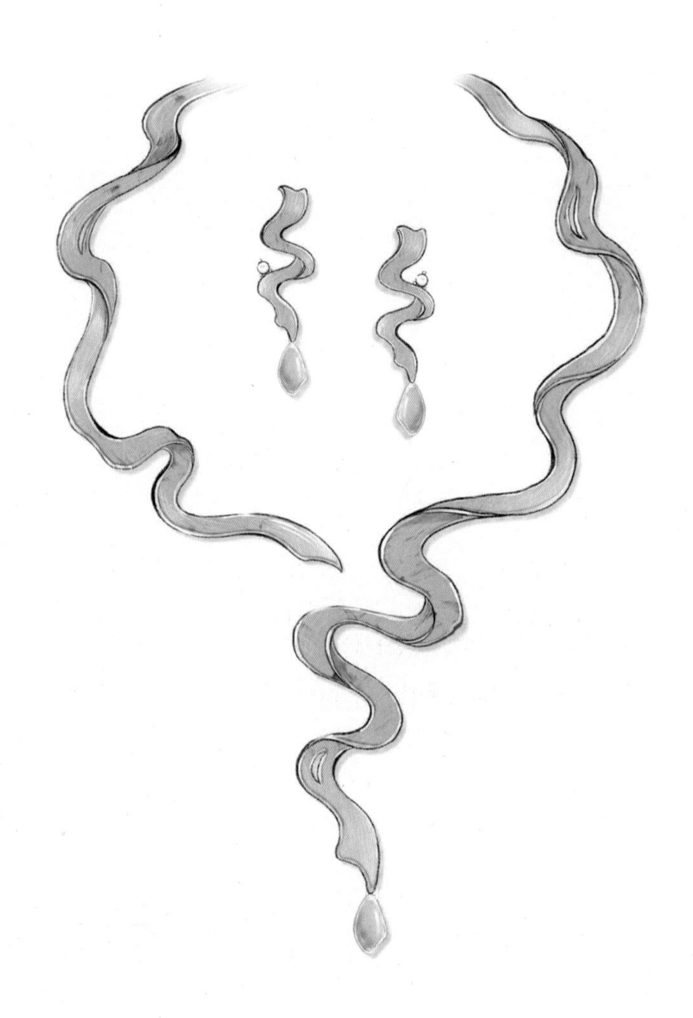

千里江山大项链、耳环套装

主题仿生

主题仿生是指设计师在创作过程中，从自然界中的花、鸟、山水等事物中寻找灵感，并以此为主题，进行艺术创作。例如，在设计一套中秋元素作品时，选择桂花和玉兔作为设计主题，以优美的曲线和纹理创造出一套既典雅又具有生命力的珠宝作品。

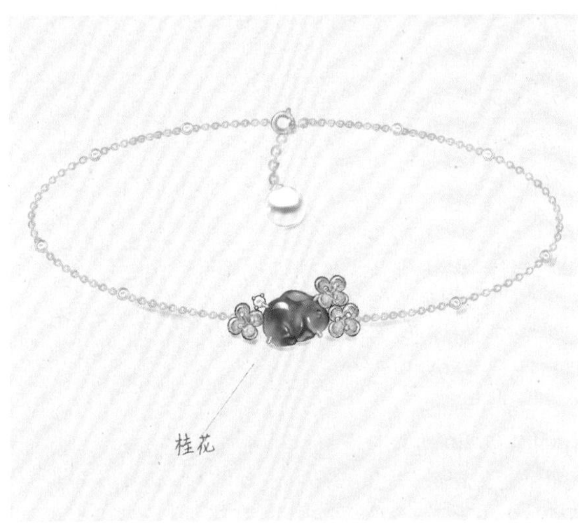

桂花玉兔套装

文化隐喻

文化隐喻是中国传统风格珠宝设计中的重要构思方法，设计师会在设计中融入中国的传统文化元素和思想，以此来寓意或者表达某种情感或主题。例如，选择古诗词作为设计元素，显示中国传统文学的文化底蕴。

悯农·其二

【唐】李绅

锄禾日当午，
汗滴禾下土。
谁知盘中餐，
粒粒皆辛苦。

咏柳

【唐】贺知章

碧玉妆成一树高，
万条垂下绿丝绦。
不知细叶谁裁出，
二月春风似剪刀。

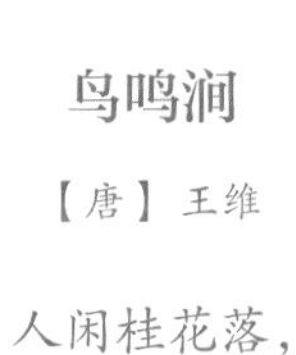

鸟鸣涧

【唐】王维

人闲桂花落，
夜静春山空。
月出惊山鸟，
时鸣春涧中。

相思

【唐】王维

红豆生南国，
春来发几枝？
愿君多采撷，
此物最相思。

唐诗三百首系列

中国风的珠宝设计手绘是一个集形式构成、主题仿生以及文化隐喻等多种构思方法于一体的艺术创作过程。设计师们通过这些构思方法，不仅可以创造出形式美观、内涵丰富的艺术作品，还能够深入传承和发扬中国的传统文化和美学理念。

10.2 红楼梦十二金钗系列珠宝设计构思与手绘技法

十二金钗是指名著《红楼梦》中的十二名女子：林黛玉、薛宝钗、贾元春、贾探春、史湘云、妙玉、贾迎春、贾惜春、王熙凤、贾巧姐、李纨、秦可卿。曹雪芹在书中给予了他们不同的判词，预示着她们的命运。笔者将阅读《红楼梦》的过程中对十二金钗气质、命运的理解和感悟，结合国风相关元素进行了设计，呈现出了富有东方美学风格的“红楼梦十二金钗”系列珠宝设计。

红楼梦十二金钗之林黛玉

这个发簪以《红楼梦》中林黛玉写的“冷月葬花魂”为设计灵感，使用残荷与和田玉元素进行设计，整体充满令人心怜的易碎感，但又温婉坚定，与林黛玉孤冷清雅的气质相契合。

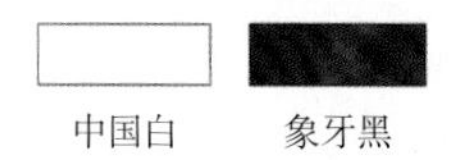

绘制步骤

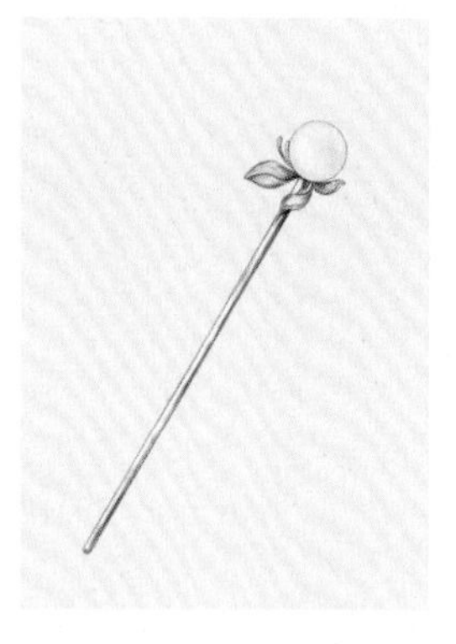

1 用自动铅笔绘制发簪造型轮廓。

2 用中国白平铺一层底色。

3 用象牙黑加水绘制金属暗部，加中国白调和，使其过渡自然。用中国白画出高光。用细勾线笔取灰色（中国白加象牙黑）绘制残荷花瓣毛流。

4 用中国白加强金属与和田玉的高光区域，即可完成绘制。

红楼梦十二金钗之薛宝钗

《红楼梦》第六十三回，薛宝钗伸手掣出一根牡丹花签，签上题着“艳冠群芳”四字。这款发钗使用牡丹花元素，结合了珍珠、黄金和点翠工艺，呈现出宝钗“人间富贵花”的气质。

中国白	柠檬黄	熟褐	天蓝色	钴蓝色	象牙黑

绘制步骤

1 用自动铅笔绘制发钗造型轮廓，绘制出叶脉、花瓣形态变化等细节。

2 用天蓝色与钴蓝色调和，平铺一层花瓣底色，留出边缘的金属底色；用中国白平铺一层珍珠底色；用柠檬黄平铺一层钗棍底色。

3 用钴蓝色加象牙黑调和，绘制出花瓣的毛流感；用象牙黑加中国白调和，绘制珍珠暗部区域。

4 用柠檬黄与熟褐调和，绘制钗棍转折处颜色最深区域。

5 用中国白绘制花瓣毛流以及钗棍最亮区域。

6 用细勾线笔取普鲁士蓝描绘上方花瓣轮廓，即可完成绘制。

红楼梦十二金钗之巧姐

“偶因济刘氏，巧得遇恩人”是巧姐的判词。巧姐在贾府破败后，得刘姥姥相助，成为一名普通农妇。这款发簪以农村常见的稻穗为主要元素进行设计，使用白金、钻石材料，寓意巧姐的余生岁岁（穗穗）平安。

中国白　象牙黑

绘制步骤

1 用自动铅笔绘制发簪造型，画出碎钻等细节。

2 用灰色（象牙黑加中国白，中国白居多）平铺一层底色。

3 继续叠加灰色加深发簪轮廓，增加立体感。

4 用中国白绘制钻、爪以及簪棍上的高光区域。

5 用细勾线笔取中国白绘制闪光，即可完成绘制。

红楼梦十二金钗全系列作品展示

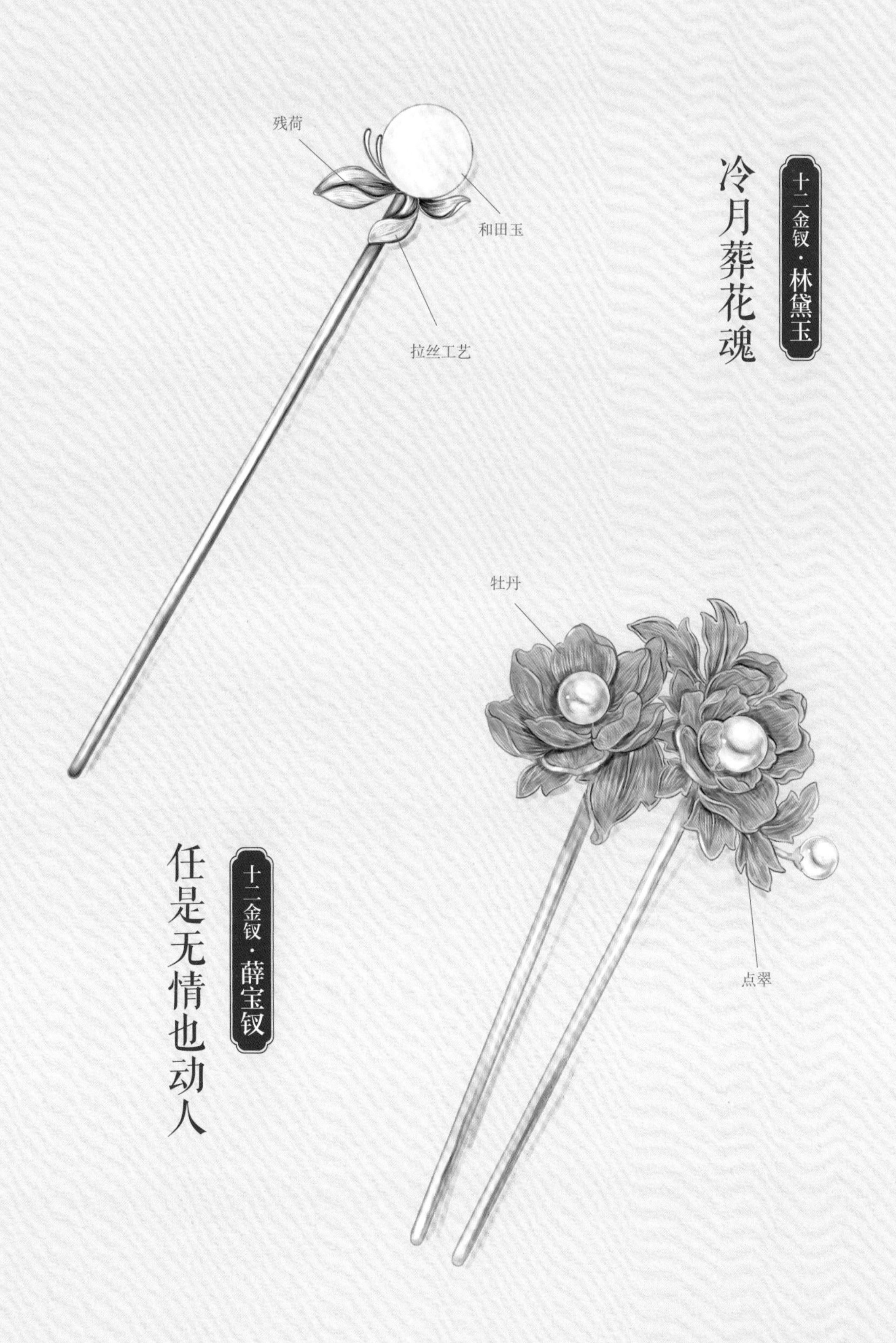

十二金钗·贾元春

榴花开处照宫闱

石榴花

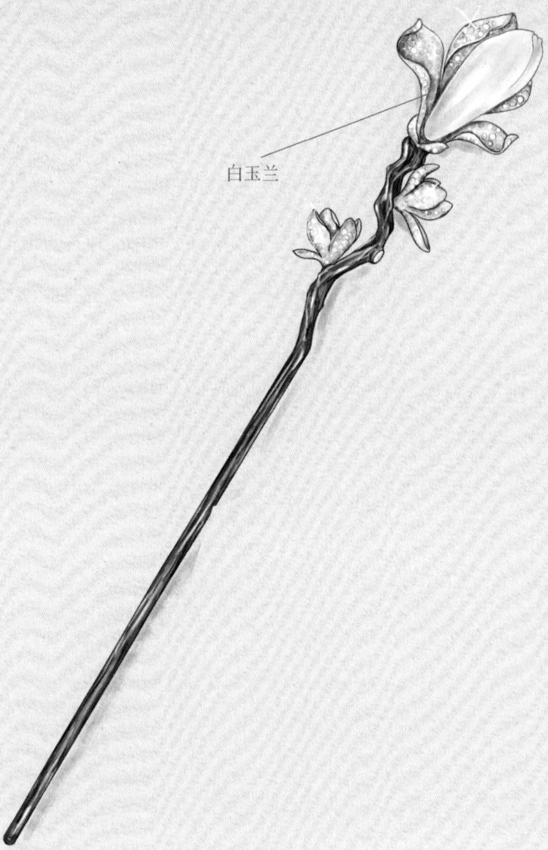

白玉兰

十二金钗·贾探春

千里东风一梦遥

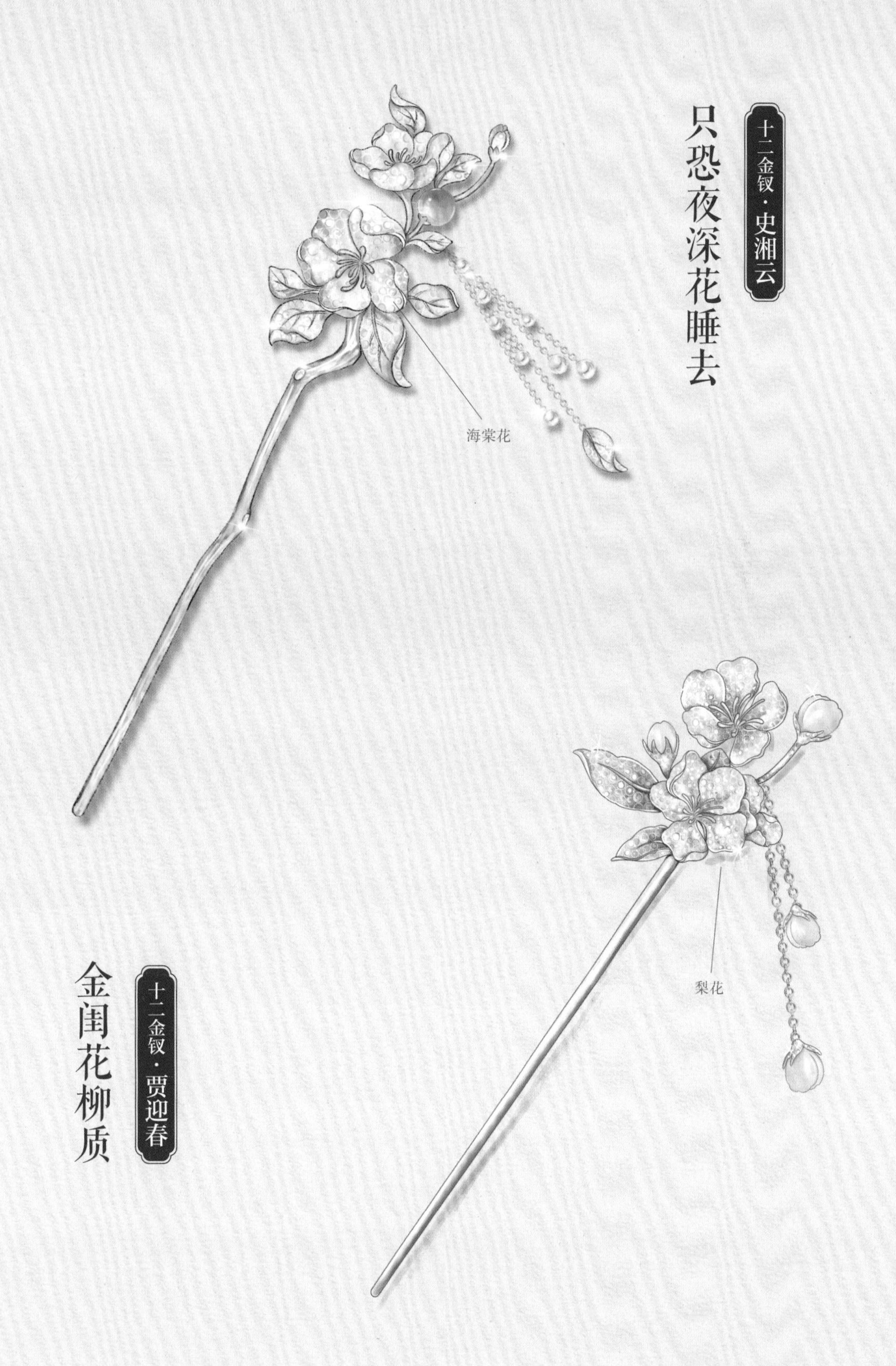
十二金钗·史湘云
只恐夜深花睡去
海棠花
梨花
十二金钗·贾迎春
金闺花柳质

十二金钗·妙玉

可怜金玉质

红梅

十二金钗·王熙凤

机关算尽太聪明

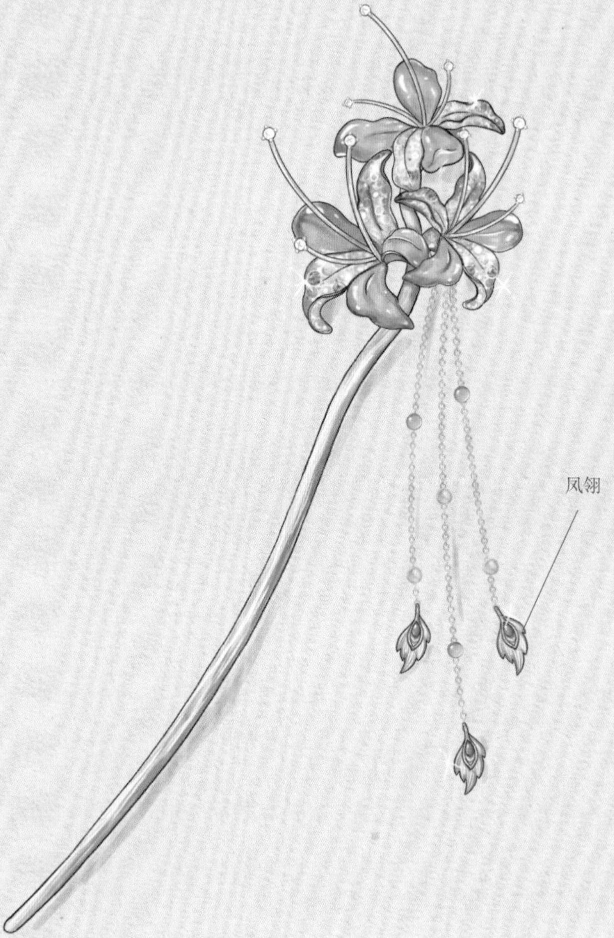

凤翎

十二金钗·贾惜春

独卧青灯古佛旁

莲花

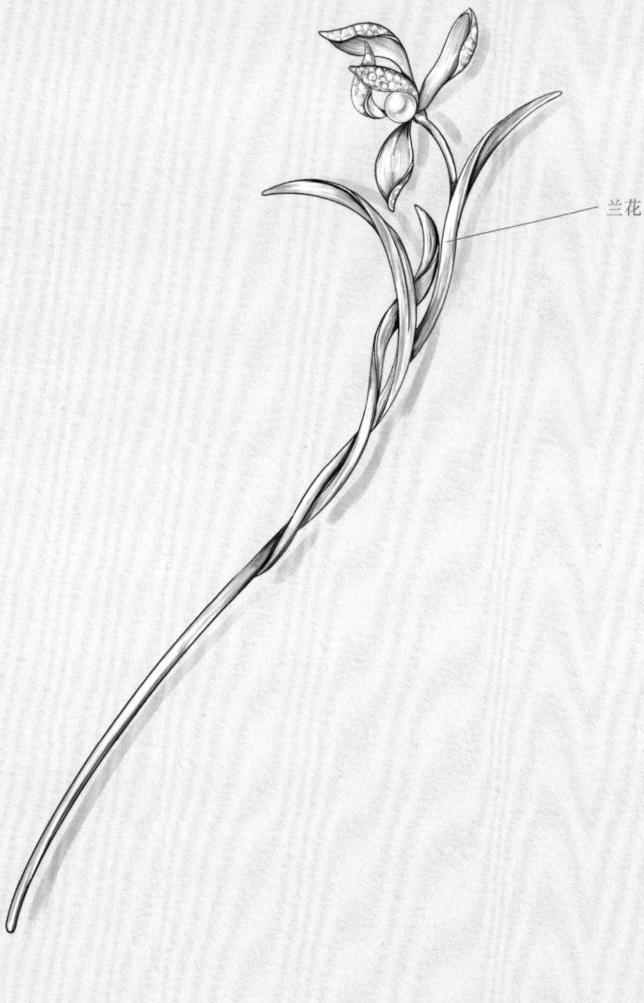

兰花

十二金钗·李纨

到头谁似一盆兰

情天情海幻情身

十二金钗·秦可卿

巧得遇恩人

十二金钗·巧姐

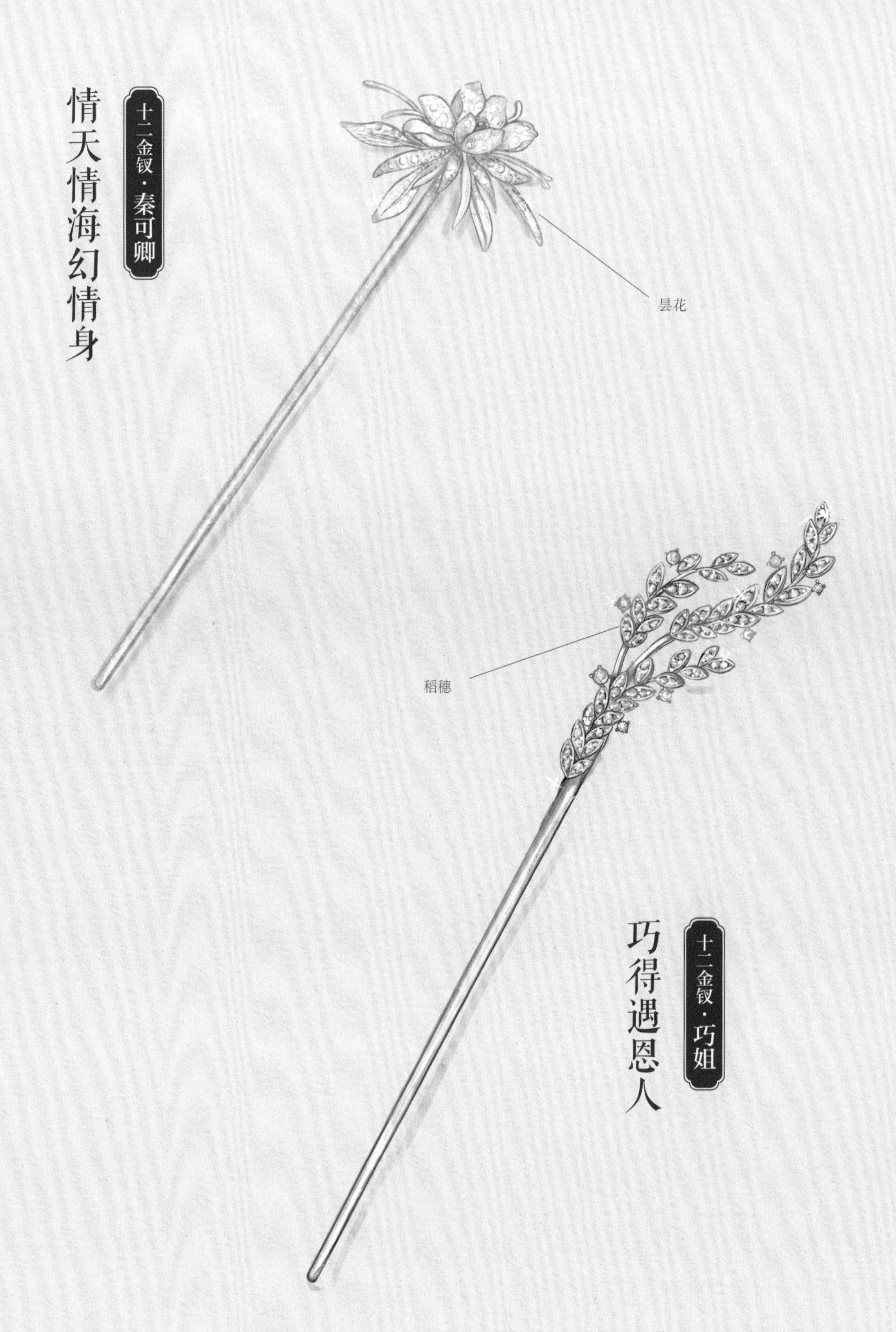

10.3 二十四节气系列珠宝设计构思与手绘技法

二十四节气是我国传统历法中表示自然节律变化的特定节令，是我国的国家级非物质文化遗产。二十四节气世代传承，是中华民族悠久历史文化的重要组成部分，是中华民族文化认同的重要载体。二十四节气系列珠宝设计的灵感来源于二十四节气对应的时令自然元素，如花草树木鸟等，结合国风相关元素进行了设计，每一款都蕴含着中国传统节气的文化底蕴。

二十四节气之立春
垂柳大项链

柳树是报春的使者，立春时节，柳树开始冒出鹅黄色的嫩芽。这款项链的灵感来源于宋代诗人杨万里的《新柳》一诗中的句子："柳条百尺拂银塘，且莫深青只浅黄"，提取尚呈浅黄色的柳枝为主要设计元素，使用黄金、白金、钻石、沙弗莱、黄色蓝宝石进行设计。

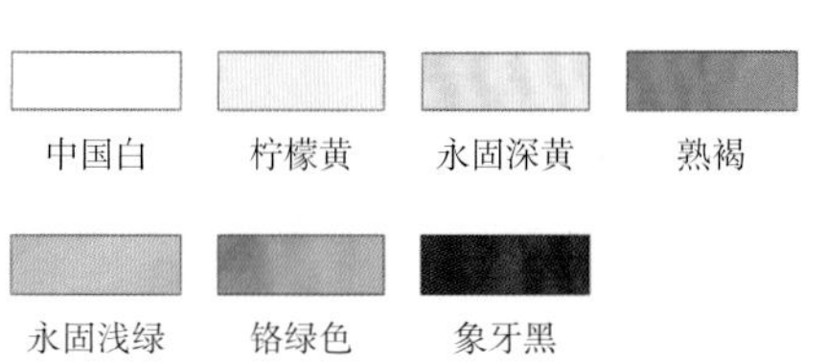

绘制步骤

1 用自动铅笔轻轻绘制出立春大项链的外形，并完善小碎钻等细节。

2 用柠檬黄平铺项圈，再用柠檬黄加熟褐调和，画出项圈暗部区域；用象牙黑加水调和，平铺叶片白金底色；用永固浅绿加铬绿色调和成的绿色以及柠檬黄分别在叶片上平铺，加水晕开。

3 用永固深黄加熟褐加永固浅绿调和，画出叶片在项圈上的阴影。

4 用中国白画出项圈与叶片的高光位。

5 用中国白画出项圈的喷砂肌理质感，并在叶片上画出小碎钻的亮部。

6 最后用勾线笔取中国白，画出闪光效果，完成绘制。

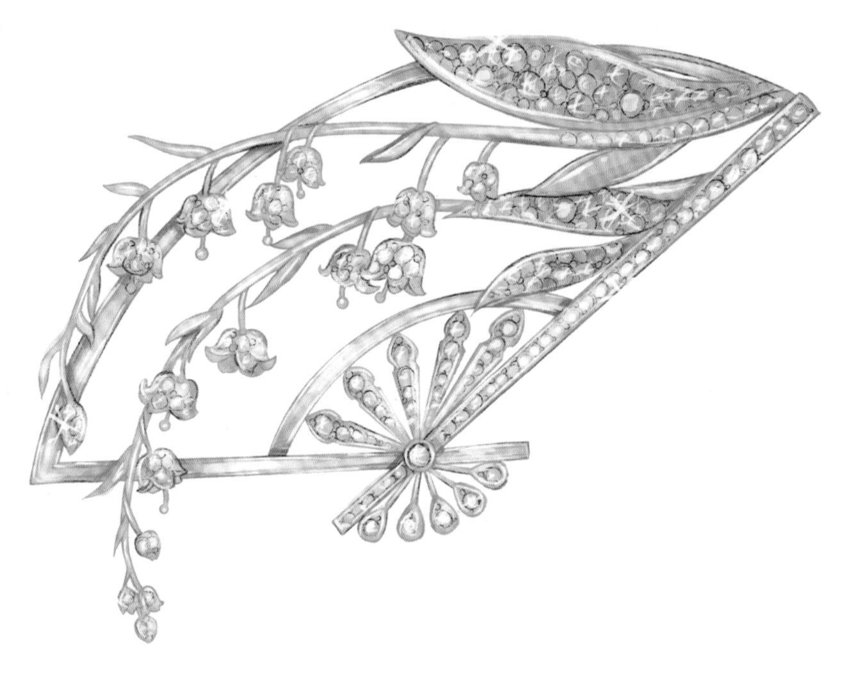

二十四节气之立夏铃兰胸针

铃兰是立夏节气的代表花卉，花语为“幸福归来”。这款胸针选用夏日必备的折扇和美丽的铃兰花元素，使用了钻石、沙弗莱和白金进行设计，给人以清新灵动之感。

中国白　柠檬黄　永固浅绿

铬绿色　象牙黑

绘制步骤

1 用自动铅笔轻轻绘制出立夏胸针外形，并完善小碎钻等细节。

2 用象牙黑加中国白调和，平铺扇子的金属部分；用永固浅绿和柠檬黄加水调和，画出叶片上的沙弗莱群镶底色；用铬绿色画出叶片暗部区域。

3 用象牙黑加水画出金属暗部深色区域。

4 用中国白画出金属扇子的亮面区域。

5 进一步完善细节，用中国白细化金属高光位，并画出小碎钻的亮面。

6 最后用细勾线笔取中国白画出闪光效果，完成绘制。

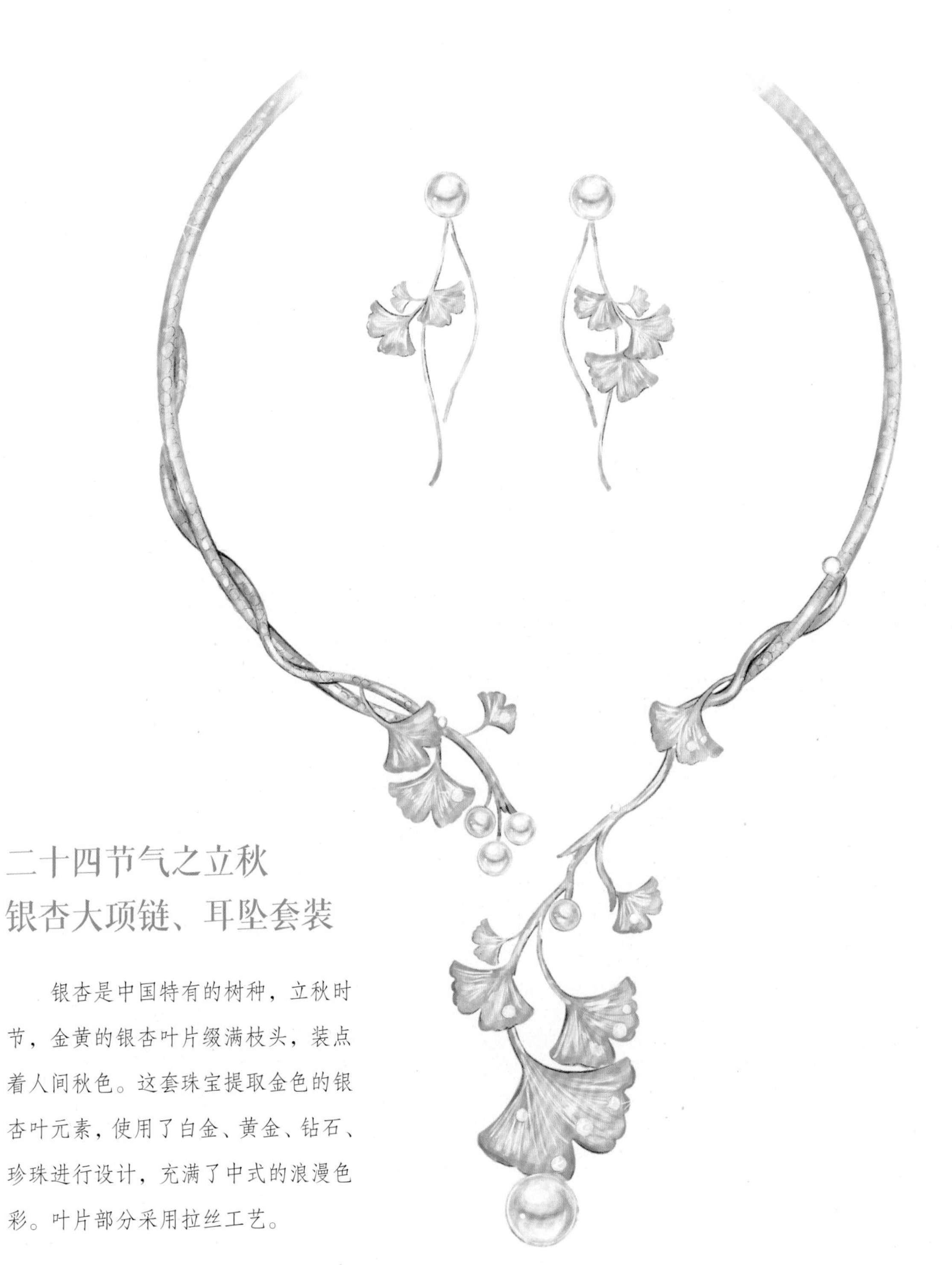

二十四节气之立秋
银杏大项链、耳坠套装

银杏是中国特有的树种，立秋时节，金黄的银杏叶片缀满枝头，装点着人间秋色。这套珠宝提取金色的银杏叶元素，使用了白金、黄金、钻石、珍珠进行设计，充满了中式的浪漫色彩。叶片部分采用拉丝工艺。

中国白	柠檬黄	永固深黄	黄赭	象牙黑

绘制步骤

1 用自动铅笔轻轻绘制出立秋大项链和耳坠的外形，并完善项圈上的小碎钻等细节。

2 用少量象牙黑加水调和，平铺白金项圈部分；用柠檬黄平铺黄金部分；用永固深黄加黄赭调和，画出黄金部分的暗部轮廓；用中国白平铺珍珠底色。

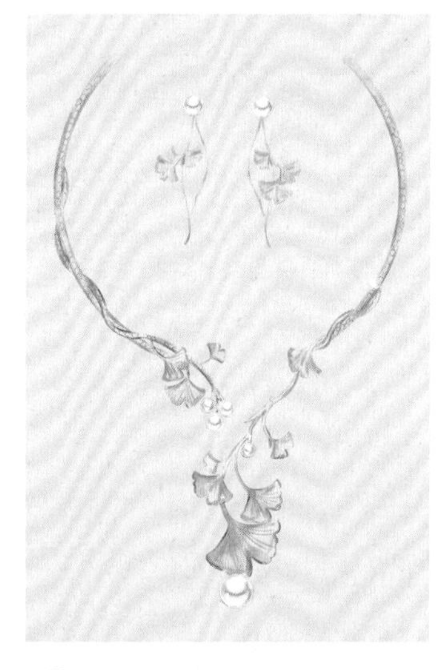

3 用象牙黑加水画出白金项圈的暗部深色区域。

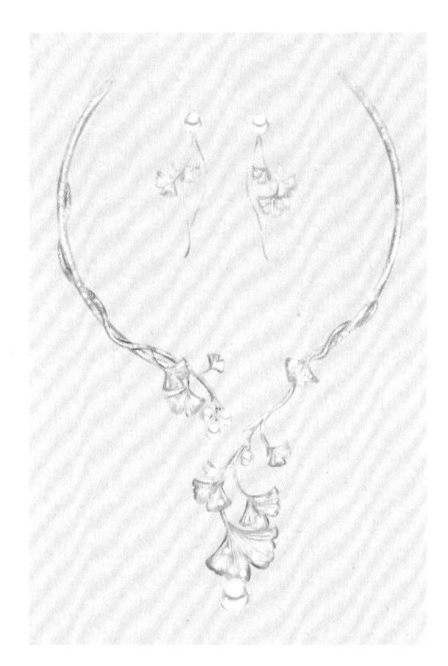

4 用中国白画出所有金属的亮面区域，并画出银杏上的小碎钻。

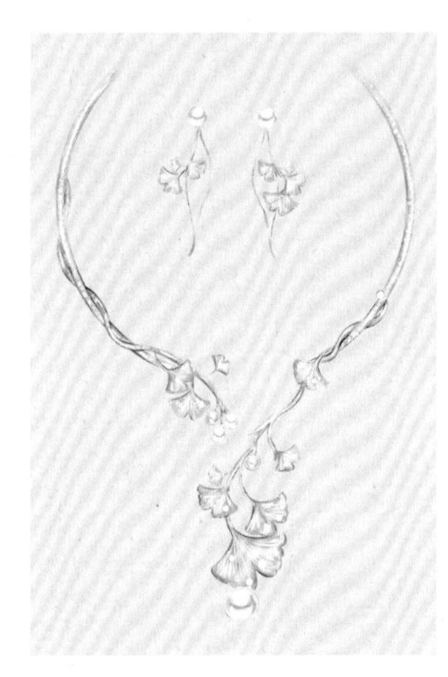

5 用黑色勾线笔加深轮廓。

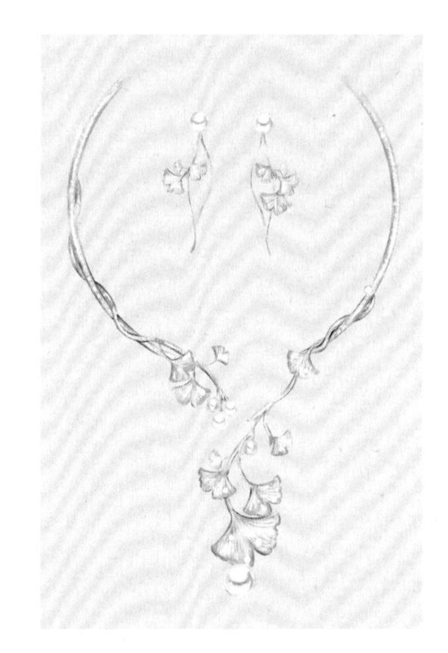

6 最后用细勾线笔取中国白画出闪光效果，完成绘制。

二十四节气之立冬
柿子大项链、耳坠套装

“秋去冬来万物休，唯有柿树挂灯笼”，立冬节气，柿子成熟，像一个个小灯笼。这套珠宝提取成熟的红柿子元素，使用了黄金、红玛瑙等材料，采用了高温珐琅工艺，整体设计喜庆大气，寓意柿柿如意。

中国白　柠檬黄　永固深黄　黄赭　朱红色　永固深绿　象牙黑

绘制步骤

1 用自动铅笔轻轻绘制出大项链和耳坠的外形，完善叶脉、鸟羽等细节。

2 用柠檬黄平铺黄金部分；用黄赭加永固深黄调和，画出黄金的暗部区域；用柠檬黄加朱红色调和，平铺柿子底色；用朱红色加中国白调和，画出柿子轮廓；用永固深绿加柠檬黄平铺叶片底色；用永固深绿加象牙黑调和，画出叶片暗部区域。

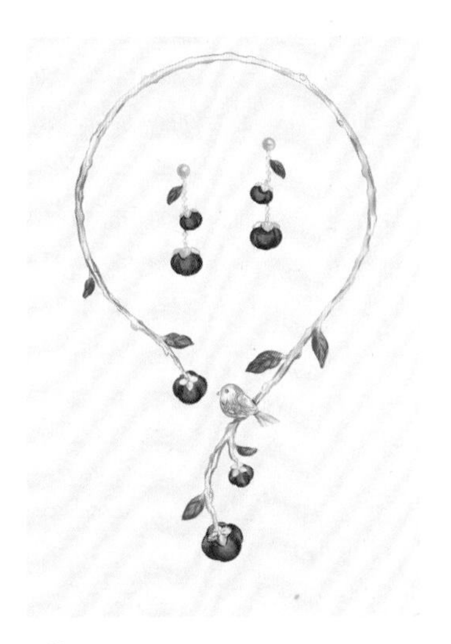

3 分别用黄赭、朱红、永固深绿在对应的黄金、柿子、叶片部分加深轮廓。

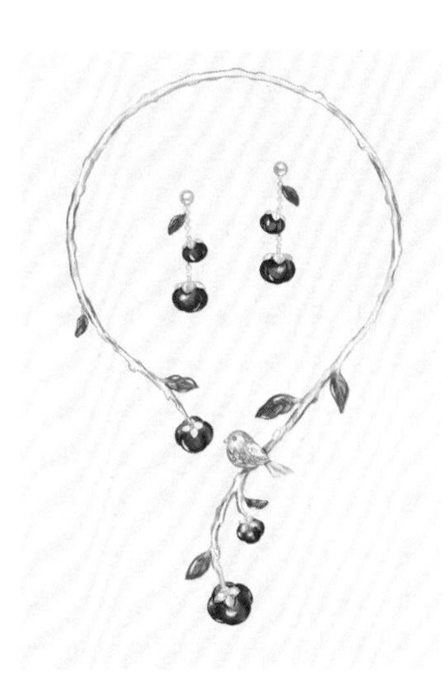

4 用中国白画出金属、叶片以及柿子的亮面区域。

5 用黑色勾线笔加深轮廓。

6 最后用细勾线笔取中国白画出闪光效果，完成绘制。

立春

新柳

柳条百尺拂银塘，
且莫深青只浅黄。

雨水

梨花

梨花如静女，
寂寞出春暮。

惊蛰

蔷薇

有情芍药含春泪，
无力蔷薇卧晓枝。

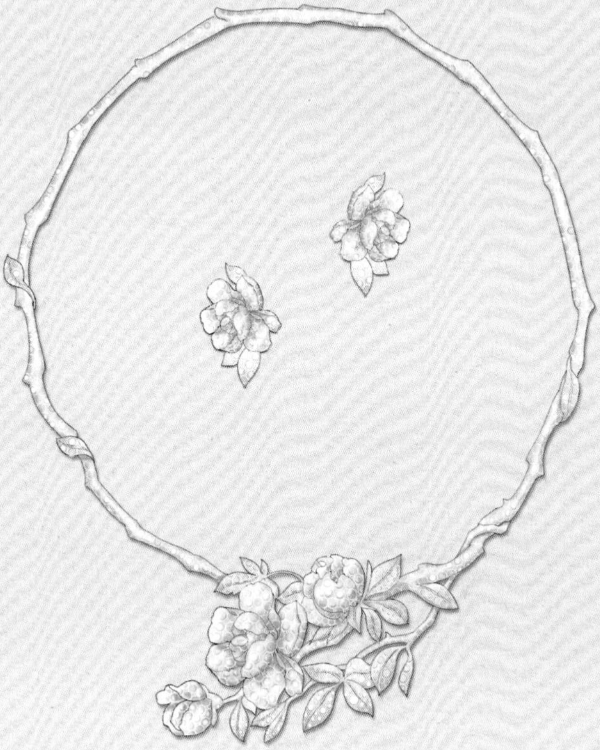

春分

玉兰

霓裳片片晚妆新，
束素亭亭玉殿春。

清明

杜鹃（映山红）

日日锦江呈锦样，
清溪倒照映山红。

谷雨

紫藤

紫藤挂云木，
花蔓宜阳春。

立夏

铃兰

清香疏影垂帘下，
玉佩铃声罥枕头。

小满

虞美人（丽春花）

百草竞春华，
丽春应最胜。

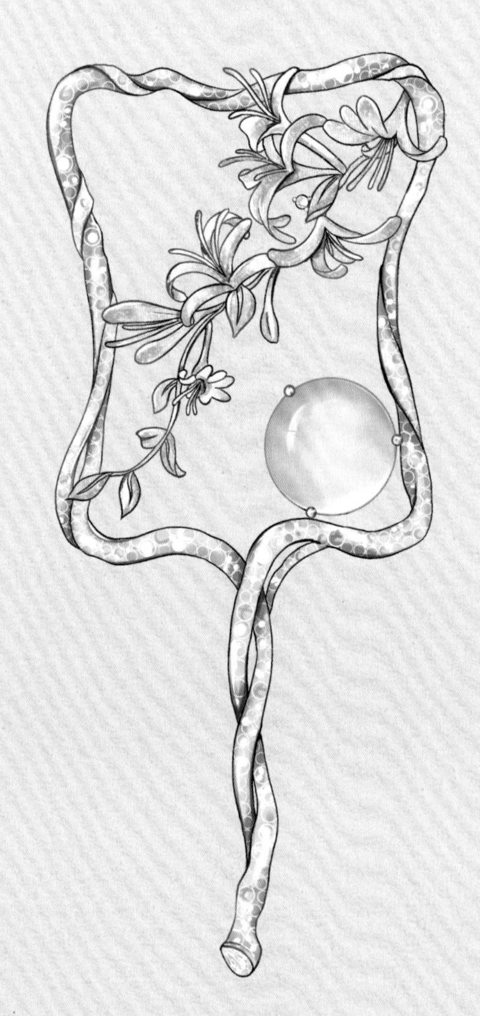

芒种

金银花

烟携雪挺搴素袂，
淡黄深白摇绮栊。

夏至

蜀葵

炎天花尽歇，
锦绣独成林。

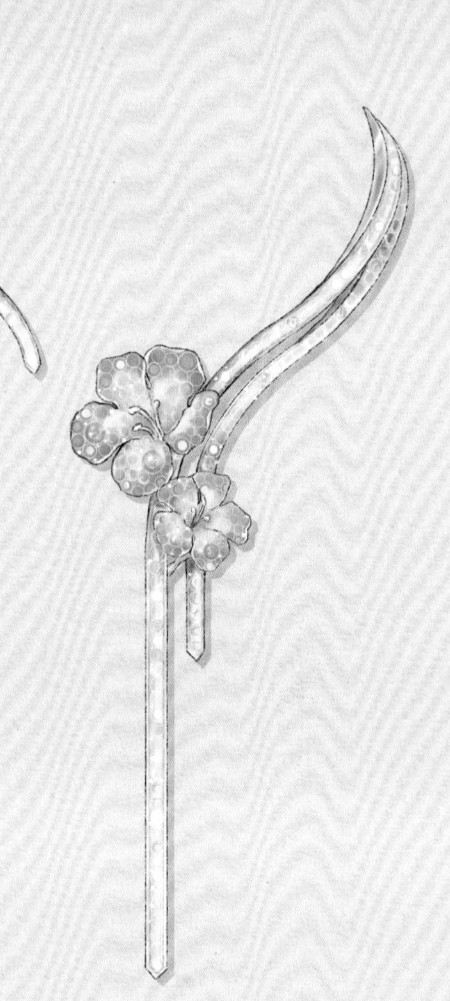

小暑

凌霄

天风摇曳宝花垂，
花下仙人住翠微。

大暑

荷花

小荷才露尖尖角，
早有蜻蜓立上头。

立秋

银杏（鸭脚）

门前银杏如相待，才到秋来黄又黄。

处暑

玉簪

瑶池仙子宴流霞，醉里遗簪幻作花。

白露

昙花

一茎数蕊尽丛生，
粉晕檀心画不成。

秋分

桂花

桂子月中落，
天香云外飘。

寒露

菊花

寒露惊秋晚，
朝看菊渐黄。

霜降

彼岸花（曼珠沙华）

情丝开到荼蘼，
化作彼岸红花。

立冬

柿子

秋去冬来万物休，
唯有柿树挂灯笼。

小雪

树枝

一条藤径绿，
万点雪峰晴。

大雪

倒挂金钟

节气今朝逢大雪，清晨瓦上雪微凝。

冬至

梅花

疏影离奇色更柔，谁将红粉点枝头。

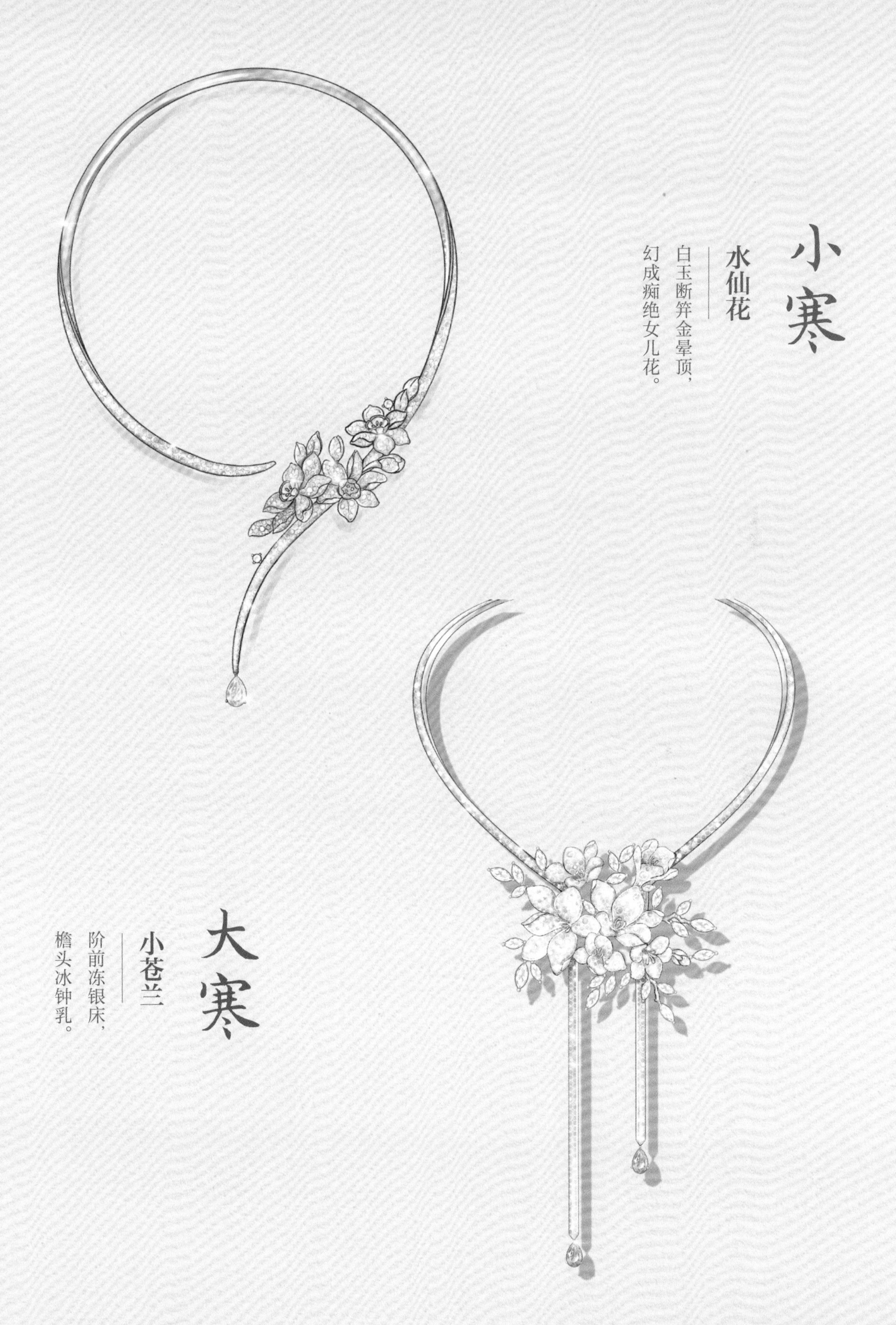
小寒
水仙花
白玉断笄金晕顶，
幻成痴绝女儿花。
大寒
小苍兰
阶前冻银床，
檐头冰钟乳。

10.4 遇见敦煌系列珠宝设计构思与手绘技法

敦煌壁画，特指我国敦煌石窟内壁的绘画艺术作品，属于世界文化遗产。敦煌壁画精美浩瀚，包含了神灵形象、动物、器物、建筑、花鸟等元素，其匠心独具的结构造型、瑰丽的色彩，为设计师们提供了源源不断的灵感。

九色鹿、青鸟、翼马、守宝龙被称为敦煌壁画中的四大瑞兽，“遇见敦煌”系列珠宝以此四兽为灵感，选用黄金、白金、红宝石、蓝宝石、贝母、钻石、珍珠等材质，结合微镶、爪镶、高温珐琅等工艺，呈现出敦煌神兽的奇幻之美，寓意吉祥。

九色鹿大项链

这款大项链的灵感来源于敦煌莫高窟第 257 号洞窟里的《九色鹿经图》。九色鹿是敦煌莫高窟壁画中的四大瑞兽之一，象征着温润善良、诚实守信、勇敢正义的品质，具有祥瑞和幸运的寓意。这款九色鹿大项链选取鹿、弯月以及敦煌壁画的飞天丝带等元素进行设计，材质上选用了白金、珐琅、贝母、珍珠、红宝石等，整体造型圣洁高雅，寄托着人们善良的愿望，也是勇敢正义的象征。

敦煌 257 号洞窟《九色鹿经图》（局部）

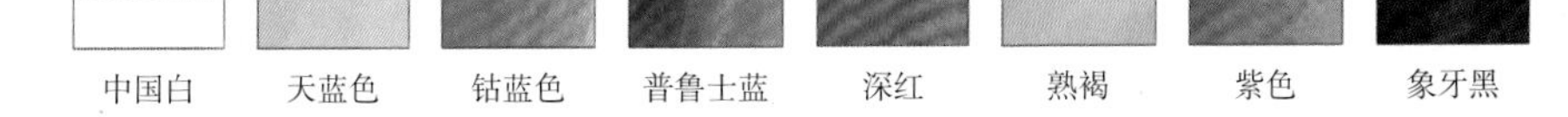

中国白　天蓝色　钴蓝色　普鲁士蓝　深红　熟褐　紫色　象牙黑

绘制步骤

1 用自动铅笔轻轻绘制出九色鹿大项链的外轮廓。

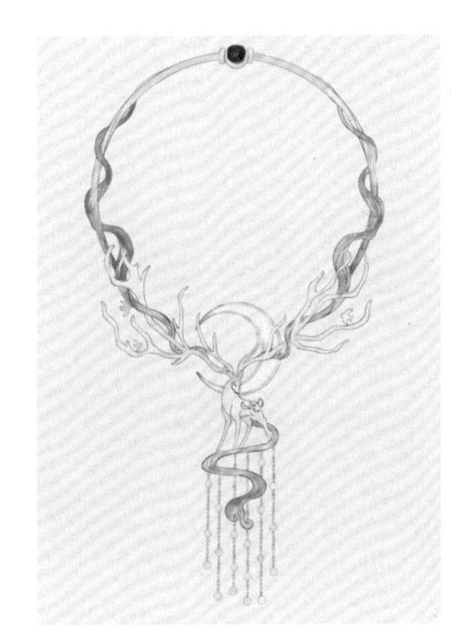

2 用天蓝色、普鲁士蓝、熟褐、深红、象牙黑分别加水调和，轻轻平铺在鹿角、丝带、项圈下半部分、红宝石、流苏及项圈和钻石等处。

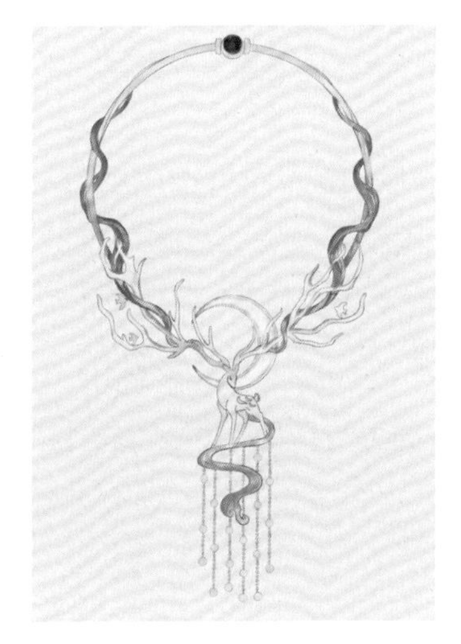

3 用普鲁士蓝画出丝带与鹿角的暗部区域；用少量深红、中国白、紫色调和，画出月亮贝母的晕彩。

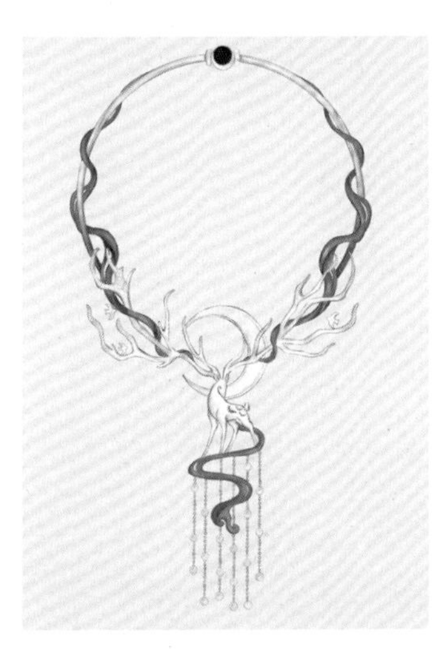

4 进一步叠加步骤 3 的色彩，细化暗部区域。

5 用中国白进一步细化、加强整个作品的亮部区域，完善项圈以及鹿角上的碎钻。

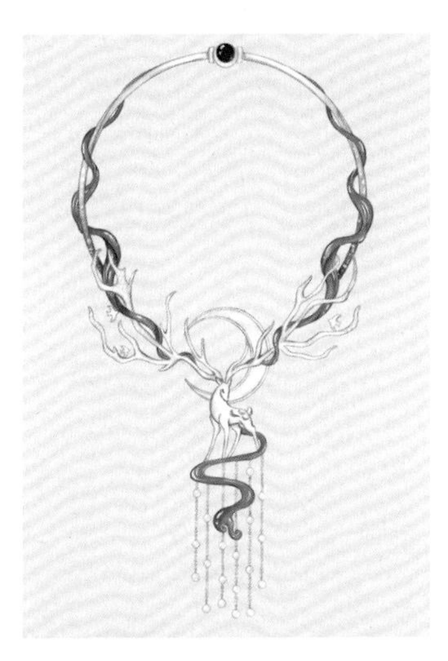

6 最后用细勾线笔取中国白画出闪光效果，并用黑色勾线笔加深轮廓，完成绘制。

青鸟大项链

这个作品的设计灵感来源于敦煌莫高窟第 249 号洞窟壁画中的青鸟形象。青鸟是敦煌瑞兽之一，是传说中西王母的使者。《山海经》中记载，青鸟死后浴火重生为凤凰。这款大项链提取青鸟“信使”和“浴火成凤凰”的两大文化内涵，设计出了青鸟遥寄锦书、浴火蜕变为凤凰的场景。

敦煌莫高窟第 249 号洞窟的青鸟形象

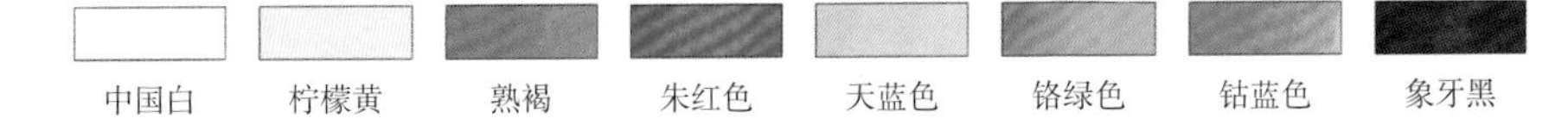

绘制步骤

1 用自动铅笔轻轻绘制出青鸟大项链外轮廓。

2 用铬绿色、柠檬黄、熟褐与朱红色分别加水调和，在大青鸟翅膀和尾巴、脖子、项圈下半部分铺底色；分别用天蓝色、钴蓝色与象牙黑调和，在小青鸟身体、云朵位置铺一层底色。

3 用步骤 2 的颜色叠加上色，进一步加深轮廓，用中国白平铺亮面区域。

4 用中国白画出青鸟上的高光区域。

5 用中国白进一步细化高光区域，点上小碎钻亮面 。

6 最后用细勾线笔取中国白画出闪光效果，完成绘制。

翼马大项链

这个作品的设计灵感来源于敦煌莫高窟第249号洞窟壁画中的翼马形象，这匹马肩生双翼，在虚空中与仙人、羽人一起飞行，体现了当时的人们对天空的向往。这个作品选用了翼马、云、燕子等元素进行设计，采用了白金、翡翠、钻石、珍珠等材料和高温珐琅工艺，具有祥瑞、一飞冲天等美好寓意。

敦煌莫高窟第249号洞窟的翼马形象

绘制步骤

1 用自动铅笔轻轻绘制出翼马大项链外轮廓。

2 用深群青加紫色加水调和，在翼马的翅膀基部以及尾巴、项圈纹理处、海浪的中部铺底色；用铬绿色加水调和，在翼马的翅膀尖端和小鸟部分、海浪基部铺底色；用象牙黑加水调和成灰色，在翼马的马身和浪花部分铺一层底色。

3 用步骤 2 的颜色在相应区域叠加上色，加深暗部区域，用中国白平铺亮面区域。

4 用中国白点出珍珠的高光，并用自动铅笔补充碎钻细节。

5 用中国白进一步细化高光区域，点上小碎钻的亮面。

6 最后用细勾线笔取中国白画出闪光效果，并用黑色勾线笔加深轮廓，完成绘制。

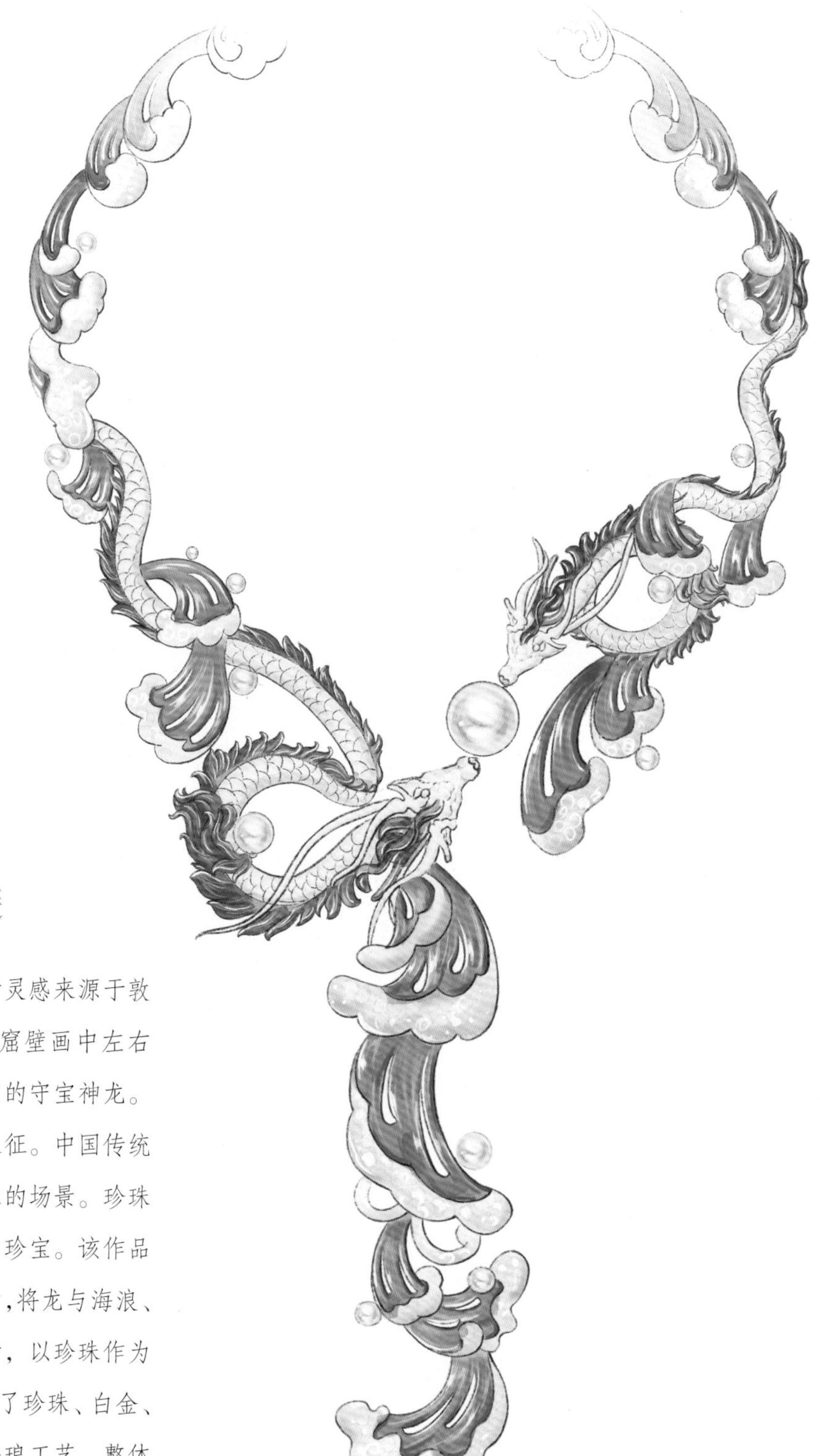

守宝龙大项链

这个作品的设计灵感来源于敦煌榆林窟第25号洞窟壁画中左右两条守护着库藏珍宝的守宝神龙。古时候，龙是水的象征。中国传统文化中常见双龙戏珠的场景。珍珠出自深海，是海里的珍宝。该作品融合这三大文化元素，将龙与海浪、珍珠进行了结合设计，以珍珠作为龙守护的宝物，采用了珍珠、白金、钻石等材料和高温珐琅工艺，整体造型灵动，寓意着守护和赐福。

敦煌榆林窟第 25 号洞窟的守宝龙形象

绘制步骤

1 用自动铅笔轻轻绘制守宝龙大项链外轮廓。

2 分别用铬绿色、红棕色（朱红色 + 熟褐）、灰色（黑色 + 水）轻轻平铺在项链的海浪、龙鬃毛以及珍珠部位。

3 进一步细化，用熟褐色和象牙黑分别加水调和，相应加深龙的鬃毛部位以及珍珠暗部区域。

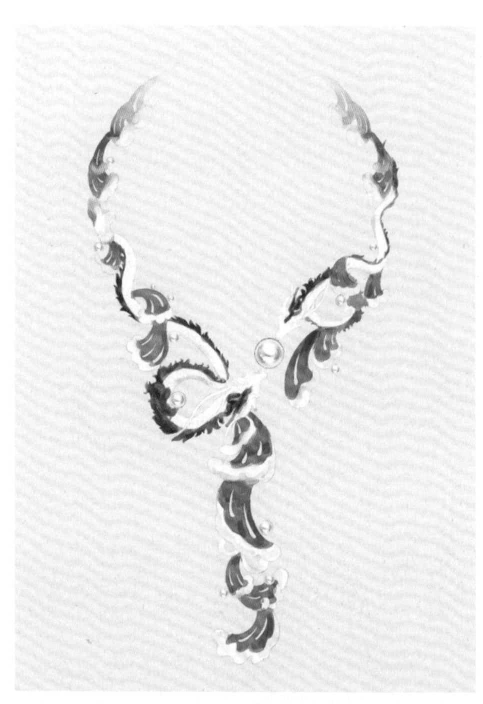

4 用步骤 2 的颜色整体加深相应暗域部分，并用中国白平铺在龙的躯干和海浪的浪花位置。

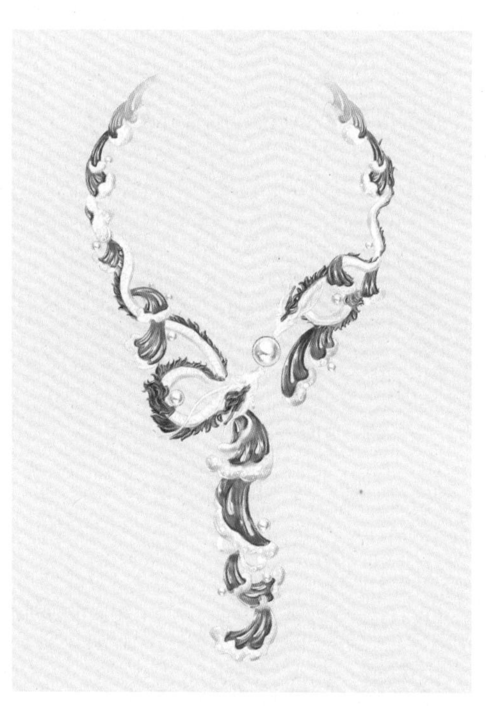

5 用中国白细化龙背上的鬃毛、浪花、小碎钻的高光。

6 最后用勾线笔取中国白画出闪光效果，并用黑色勾线笔加深轮廓，完成绘制。